U0465872

最好的
鸿盒代
台湾美馔

台北老店的22段幸福食光

陈鸿 作品

万水千山走遍,推开老店这扇门,就知道这里便是家。

江苏文艺出版社

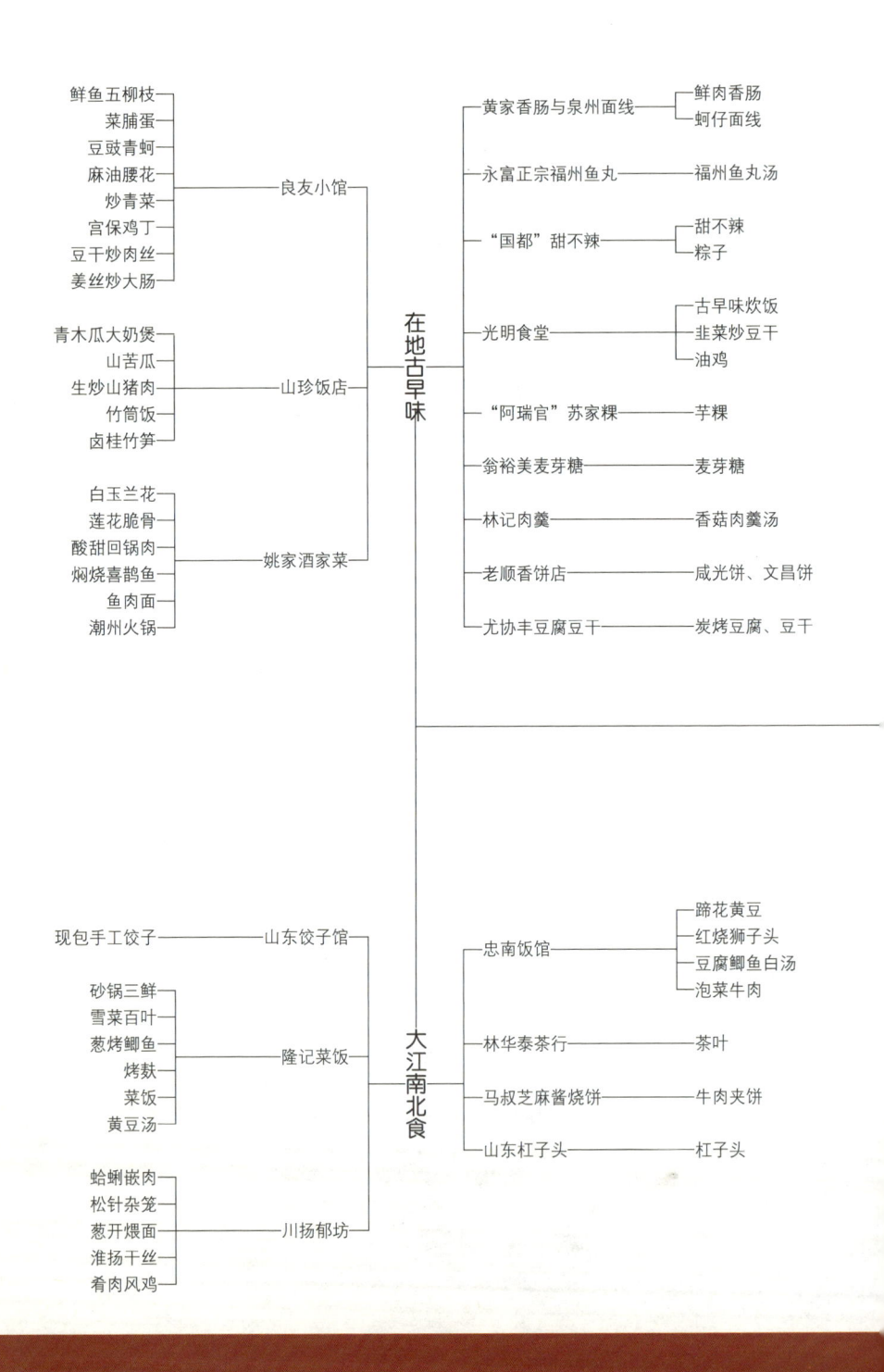

```
在地古早味
├── 良友小馆
│   ├── 鲜鱼五柳枝
│   ├── 菜脯蛋
│   ├── 豆豉青蚵
│   ├── 麻油腰花
│   ├── 炒青菜
│   ├── 宫保鸡丁
│   ├── 豆干炒肉丝
│   └── 姜丝炒大肠
├── 山珍饭店
│   ├── 青木瓜大奶煲
│   ├── 山苦瓜
│   ├── 生炒山猪肉
│   ├── 竹筒饭
│   └── 卤桂竹笋
├── 姚家酒家菜
│   ├── 白玉兰花
│   ├── 莲花脆骨
│   ├── 酸甜回锅肉
│   ├── 焖烧喜鹊鱼
│   ├── 鱼肉面
│   └── 潮州火锅
├── 黄家香肠与泉州面线
│   ├── 鲜肉香肠
│   └── 蚵仔面线
├── 永富正宗福州鱼丸 ── 福州鱼丸汤
├── "国都"甜不辣
│   ├── 甜不辣
│   └── 粽子
├── 光明食堂
│   ├── 古早味炊饭
│   ├── 韭菜炒豆干
│   └── 油鸡
├── "阿瑞官"苏家粿 ── 芋粿
├── 翁裕美麦芽糖 ── 麦芽糖
├── 林记肉羹 ── 香菇肉羹汤
├── 老顺香饼店 ── 咸光饼、文昌饼
└── 尤协丰豆腐豆干 ── 炭烤豆腐、豆干

大江南北食
├── 山东饺子馆 ── 现包手工饺子
├── 隆记菜饭
│   ├── 砂锅三鲜
│   ├── 雪菜百叶
│   ├── 葱烤鲫鱼
│   ├── 烤麸
│   ├── 菜饭
│   └── 黄豆汤
├── 川扬郁坊
│   ├── 蛤蜊嵌肉
│   ├── 松针杂笼
│   ├── 葱开煨面
│   ├── 淮扬干丝
│   └── 肴肉风鸡
├── 忠南饭馆
│   ├── 蹄花黄豆
│   ├── 红烧狮子头
│   ├── 豆腐鲫鱼白汤
│   └── 泡菜牛肉
├── 林华泰茶行 ── 茶叶
├── 马叔芝麻酱烧饼 ── 牛肉夹饼
└── 山东杠子头 ── 杠子头
```

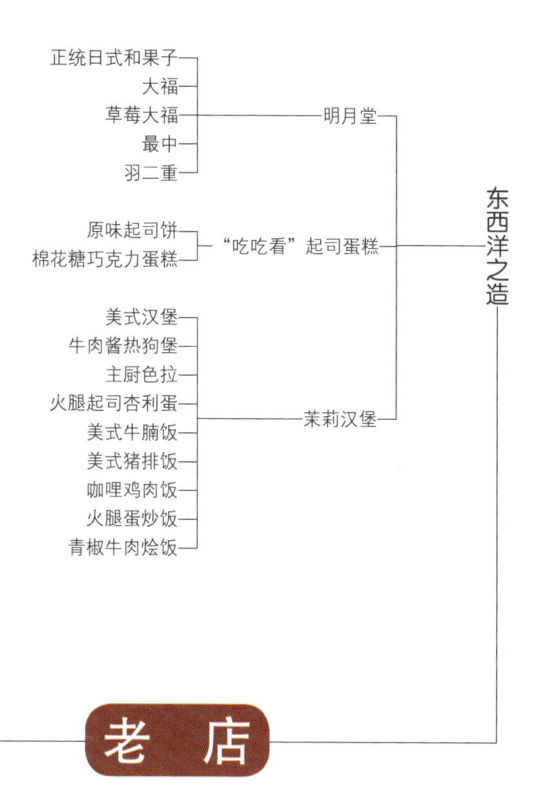

```
                正统日式和果子 ┐
                      大福 ┤
                    草莓大福 ├─── 明月堂 ┐
                       最中 ┤                │
                     羽二重 ┘                │
                                              │
              原味起司饼 ┐                    │    东
           棉花糖巧克力蛋糕 ┴ "吃吃看"起司蛋糕 ┤    西
                                              │    洋
                   美式汉堡 ┐                 │    之
                牛肉酱热狗堡 ┤                 │    造
                    主厨色拉 ┤                 │
                 火腿起司杏利蛋 ┤                 │
                  美式牛腩饭 ┼─── 茉莉汉堡 ┤
                  美式猪排饭 ┤                 │
                  咖哩鸡肉饭 ┤                 │
                  火腿蛋炒饭 ┤                 │
                青椒牛肉烩饭 ┘                 │
                                                │
                                                │
            ┌───────────┐                     │
       ─────┤   老  店   ├─────────────────────┘
            └───────────┘
```

CONTENTS

目录 | CONTENTS

自　序　将老店的温度留住
推荐序　台湾客家团仔的古早味

Chapter 1　在地古早味

良友小馆——小吃价格的"海霸王"	003
山珍饭店——超级阿嬷的山中野味	013
姚家酒家菜——大稻埕硕果仅存的精致台湾味	023
黄家香肠与泉州面线——让运将闻香下车的最爱	033
永富正宗福州鱼丸——胶原蛋白美容圣品	045
"国都"甜不辣——孕妇和病人都能放心吃的美味	053
光明食堂——穿过时光隧道的传统古早味	061
阿瑞官苏家粿——天下糕粿都难不倒的"米食达人"	069
翁裕美麦芽糖——回到儿时天堂的健康零嘴	077
林记肉羹——把关帝爷当靠山的专业肉羹店	085
老顺香饼店——神明也爱吃的百年糕饼	091
尤协丰豆腐、豆干——一家炭烤万家香	101

目录

Chapter 2　大江南北食

山东饺子馆——以生命换来一只饺子的惊喜	111
隆记菜饭——老上海聚集的怀旧餐厅	123
川扬郁坊——小巷弄里的平民银翼饭馆	133
忠南饭馆——黄金地段的家常美味	145
林华泰茶行——大稻埕里百年茶香的风华传奇	155
马叔芝麻酱烧饼——北平家乡绝活化身台北排队老店	167
山东杠子头——吃硬不吃软的铁汉味道	175

Chapter 3　东西洋之造

明月堂——和果子精致老铺	187
"吃吃看"起司蛋糕——中山北路上不老的传说	197
茉莉汉堡——走在连锁快餐以前的老式汉堡店	207

自序

将老店的温度留住

　　由于长年"以食为生",几年下来不论是大江南北八大菜系,还是口耳相传的在地巷弄小吃,我都有幸一一品尝过。在吃遍无数美食之后,我渐渐体悟到一件事:味蕾上的记忆,原来是一种与生俱来的缘分。当我们先吃进什么,再尝过什么,各种滋味先来后到的次序,不知不觉影响了下一种滋味在舌间匍匐的路线。但你永远不知道下一个尝到的是什么,不知道自己的味蕾将如何迎接这一触即发的乡愁。

　　而这种与生俱来的缘分,让每一种色香味的震撼,都在感官的世界里留下不可磨灭的印记,亦可以说是个人味蕾的旅行历史,在口腹之间打造出一个味觉的故乡。

　　从孩童时期动不动就吵着要吃的麦芽糖,到学生时代大嚼青春滋味的台式热炒,或是上班通勤途中必经的一家饺子馆,即便生活中有许多无可避免的人事迁移,为了求学或工作而身在异乡,我们仍旧依赖着记忆里的滋味,在异乡里神往着那个味觉的故乡。无论往后的人生飘落何处,心中总是有着一股隐然相伴的渴望,希望能回头去,再尝一次故乡的滋味。

　　这异乡里故乡的味觉,便是今日的"老店"。

　　数十年过去依然伫立在原地的老店,兀自展露着旧时风情,飘散着记忆中的香气。它似乎永远敞开双臂,带着人们回到过往,让嘴里嚼的不只是熟悉的滋味,还有当下活着的感动。对走过各式人生风景的人们来说,老店的存在，仿佛填补了心中失落的片段。举个自身的例子，过去在上班的途中，只要吃上一盘圆山山东饺子的现包韭黄水饺，便会将老板娘黄大姐对饺子的执着与认真一同吃进心里，因而能昂首迈开步伐，继续打拼。往后即使工作换了，依然会想起那充满生命力的味道，想着要拨空去吃那一颗颗包含着初心的饺子。这些元素，将成为饱受压力的现代人在缝隙中的意外惊喜！

然而老店的力量不仅是契合个人的历史，它也能在新时代里屹立不摇！不因它是稀世珍馐，而是它淡中有味的奥妙与代代相承的手感。

所谓的"淡中有味"，是比各种刺激强烈的调味更难达到的境界，老店的师傅必须熟稔食材的天性，巧妙引味，取长补短，才能让味道从乍见平凡的表象中，由深层透出来，并且缓慢而隽永地缭绕在齿颊之间！而所谓的"手感"，更是现代高度机械化的食品工业无法比拟的。老店的师傅运用五官观察天候气象的变化，用双手感受材料的温度与质地，再与斗室里的锅勺刀砧细细对话，一日复一日，千锤百炼累积着无可取代的料理手法，培养着难以参透的煮食灵魂！这也是为什么在老店里无论是一碗阳春面或者一块烤饼，都充满了厚实的手感与历史的香气。就像金山南路上的山东杠子头，不加任何调味揉制面团，烤出来的杠子头却硬是比别人家的都要百吃不厌、越嚼越有味。

在这个万事求速度效率的时代，"淡中有味"与"手感"成为珍贵的资产，因其独一无二、无可取代。然而老店坚守这般传统的煮食态度，不为功利，不为其他，只因"民以食为天"。天赐万物皆有其本性，食材有其本性，师傅自己也有其本性，顺应着内外的理络，配合天地条件，找出人与食物的对话方式，不被眼前短利所迷惑，对吃食怀着谦卑感激的胸怀。因此高超的厨艺不仅是一种料理技术，更是一种管理学。认识内在、知情知性、唯才是用、适得其所，才能将食材搭配得天衣无缝，创造精彩的舞台，这其实也是生命的价值和意义。老店的师傅明白这个道理，才能让手中勺镬舞弄百年。

然而，随着环境的更新，街道在变，人们对待食物的态度也在变。在这块番薯地上，人们的吃食随着经济的起飞而越来越多元、越来越混杂、越来越要求速度。不知不觉之间，我们让调味料、快餐包给麻木了味觉、磨损了耐性，在外头举目可见装潢气派、排场盛大的餐厅，但一盘盘端出来的料理，滋味却宛如罐头工厂那样冰冷又肤浅。更不用说跑堂的小伙子永远记不得生熟客人，也说不出菜色的巧味神韵，仿佛前来用餐的人们也是工厂运输线的一环，一顿饭的意义变得既扁平又孤独。

每每此时，总让我特别疼惜那些老店的温度。在那里头有着店家与客人之间各式各样的默契与文化，就像良友小馆的老板还会看客人状况而调整炒菜的火候与滋味，虽不言这般贴心的付出，客人一样能吃在嘴里，暖在心里。

让老店照顾我口腹也有大半生，老店背后的生命故事也常于我有启发与顿悟，更深知它们背负着文化历史意义。我总想将这些老店永远留住，不只是留在我的生活里，更重要的是留给这片土地，留在人文历史里。然而其中虽有代代相传之家，有的却已能预见后无传人。正当我苦思要用何种方式留下老店时，缘分将我与出版界的才子郝广才先生搭起手来，推动了本书的出版计划。

　　我以一介美食说书人的身份，走访各家于我意义非凡的老店，聆听他们的故事，感受他们的精神，再细琢文字，将这一时一刻的风景，凝聚于纸上，盼能化为永恒。即使未来老店有所凋零或迭失，依然能玩味这些台湾饮食文化的在地故事，咀嚼美食的内涵与历史。

　　这本书从零到整，历时三年之久，中间有各方店家的热情相助。在此我要特别感谢年轻画家林岳宣，他细腻而充满古味的画作，让这本书能以美食纪实绘本的形式出现，并体现老店"淡中有味"与"手感"的精神，让文字与图画相互辉映、贯彻本质。

　　我非常有幸能参与这本书的制作。老店深植于这片土地上，温暖许多人的记忆，打造着味觉的故乡。现今的美食报道俯拾即是，除了歌颂嘴里的滋味或厨子的技艺，我更期盼这本书能引领人们疼惜老店的精神，一同咀嚼每一道菜背后的一段生命滋味。

陈鸿

推荐序

台湾客家囝仔的古早味

　　初识阿鸿，是在鼎盛期的慧公馆的晚宴上。彼时，他是形象代言人，而我呢，则是在一隅静静地欣赏他，包括他作品的饕客。陈鸿的确很帅，陈鸿的作品真的很美。这位靓仔一直走到我面前，唤了一声"江叔"后搀起了我，并将我带到正面舞台，和我一起合影。

　　之后，他又托他义弟给我送来他的《陈鸿的酱心独具》，还有他手制的桃味凤梨酥。对了，他不但是主持人、作家，还是一位优秀的厨师呀！

　　再后来，我俩有很多次互相邀约，力图创造共进美食的机会。但终因他的日理万机，而我又日薄西山，生活节奏大不相同，又经常处于海峡两岸，两条直线一直没有找到交点。

　　二十天前，阿鸿发短信给我，说他的三本美食著作《新竹老味道》、《台北老店的22段幸福食光》、《恋恋古早味，台北菜市场》将在大陆出版，嘱我为之作序。在我欣表同意后，他又发来长长的电子文档。当晚，读了《新竹老味道》的自序《一场生命中的喜福会》的第一句后，我就欲罢不能。"吃过的米越多，走过的路越长，我越明了，人们所从事的行业，往往关乎天命。"但读了几页，我就因目力不济，无法再读下去。执着的阿鸿并不罢休，他又通过他的朋友周祥俊先生，将打印出来的书稿整整齐齐装订好，快递到我家。以后的三天中，我就以每天细读一本的速度，将书通读一遍，夜以继日。然我不以为苦，反以为乐，因为这是一次"悦读"，因为我从中看出这位从新竹南寮一路走来的客家囝仔的活动轨

图为陈鸿与江礼旸先生合影

迹，以及至今未泯的童心。

翩翩少年，原来吃过那么多新竹美味，以及那么多台北小吃。好的是阿鸿不是普通馋人，好东西拿来饕餮一番就可，而是和那些大哥、大姐、阿叔、阿伯、阿嬷、阿公——那么多的美味创造者亲密无间，水乳交融，以致每样美食都有一段故事。阿鸿走着，吃着，用心感受着，所以他的美食文章能打动人，能感染人。阿鸿不是富二代、官二代，不是单纯的作秀者、搞笑者，美食的灵魂，早已溶化在阿鸿的血液中。他的美食节目，在台湾，在新加坡，在大陆那么受欢迎，有那么多的粉丝，并非偶然。

阿鸿所孜孜不倦追随的，都是"古早味"。以我这位天天在上海食界"行走"的"70后猿叟"的感受，这才是经久不衰的至味。百年老店就是一百年只卖这些东西，熟能生巧，精益求精，使你进店如同回到自家，放心地吃，还可同上辈、同辈、晚辈谈谈家长里短，享受亲情，享受爱心，幸福无比。

对于大陆的读者、游客，尤其是"自由行"的朋友来说，这一本由台湾人推荐的台湾美味书，很靠谱，很直观，值得参考。老汉来日如精力尚存的话，一定以此为导吃指南，来一次甚至多次"美食游"，以食为主，且游且食，慢慢地一一品尝，细细体味阿鸿这位台湾客家囝仔的拳拳爱心。

甲午仲夏吉日于上海野鹤斋中　江礼旸

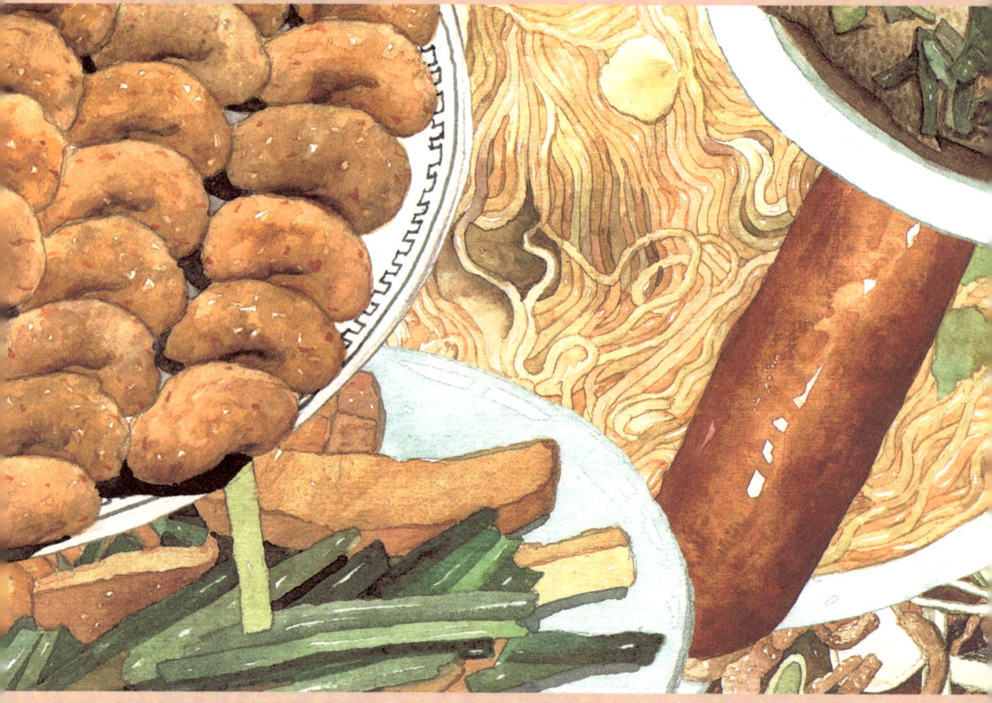

Chapter 1

在地古早味

华山艺文特区
市立忠孝小学
忠孝东路二段
捷运忠孝新生站
忠孝东路三段
金山南路一段
新生南路一段
济南路二段
良友小馆
台北科技大学
仁爱路二段

良友小馆
——小吃价格的「海霸王」

台北市金山南路一段37号
02-2396-7277
上午11点至下午2点
下午5点至晚上9点
无公休日
（农历过年休息一周）

　　来到良友小馆，你所需付出的，只是大众等级的价钱，但食物的等级可是远高于大众水平。在北台湾，没有几间地方小馆能够盛出"良友"般具有饭店水平的台菜。"良友"不卖气氛、不做装潢、没有服务，不打广告也不做宣传，有的只是由真材实料和扎实厨艺功夫烹调出的传统台式料理。

招牌菜

鲜鱼五柳枝

良友小馆出名的特色小吃——鲜鱼五柳枝,是将洋葱、鲜笋、红萝卜、香菇、青椒先切成细丝,接着翻炒、调味、勾芡,淋在炸得酥脆的鱼上,酸酸甜甜的滋味让人一试难忘。

金山南路上传播界的最爱

良友小馆的老板是一对夫妻，先生叫黄雨顺，太太叫詹淑美。黄雨顺高中一毕业就拜师学厨艺，年轻的他跟着师傅跑遍了全台湾，当兵时还是离不开做菜，在厨房担任伙房兵。因为厨艺优异，还获得了台湾有关当局有功官兵的表彰呢。说起自己当厨师的人生，黄老板腼腆地笑着说，天天做菜，不知不觉一晃眼就是三十几年。

黄老板在退伍之后，从南部到台北，便直接进入"海霸王餐厅"工作，和同样来自南部的詹淑美是第一批在"海霸王"接受训练的专业人员。男生在内场致力于厨艺，女生则学习外场。

"海霸王"当初能够成功，并非以特别的菜色取胜，而是以价钱公道、食材新鲜和种类齐全脱颖而出，"海霸王"的团队也致力于研发让传统海鲜料理在视觉及味觉上达到极致的方法。离开"海霸王"后，夫妇两人决定以学到的技能，开创自己的天地。每天清晨五点半，老板会亲自去菜市场采买一天的材料，七点半开始整理店面、清理食材，十一点开始营业。

黄老板负责炒菜，老板娘则负责配菜，夫妻俩里应外合，以打拼的精神，实实在在地经营这一家小馆子。所谓"夫妻同心，其利断金"，小店渐渐创出了口碑，成为金山南路上传播界、学生、上班族，甚至是政界人士最爱的经济型聚会餐厅。

良友小馆的厨房是开放式的，紧邻着餐馆，就像是餐馆旁的一间长方形房间。常言道，优秀的厨师能保持工作台的清爽。这里的厨房保持得干净整齐，让人站在店门外看见便觉得能吃得安心。当然，在这儿也能看见老板的好身手！

一流火功，价廉物美

良友小馆的黄色大招牌上，写着"各式热炒"、"大众小吃"，再加上外头整齐堆列的台湾啤酒箱，与大片透明玻璃上贴着的"炒面、炒饭、炒菜、热汤"等字样，清楚表明这是一家专做本土家常风味的馆子。但如果你以为这里不过是一般的热炒小吃店，那就太低估这家远近驰名的老店了。在这里吃饭，入嘴的美味惊喜和掏出来的钱相比，往往便宜得让人飘飘然，甚至怀疑起老板是不是少算了哪道菜。

这一切都要归功于老板过人的功夫。要烧好一道菜，火功与调味都必须到家。什么时候用旺火，什么时候用文火，有经验的厨师懂得一边炒，一边观察，一边调整。火功是让菜入味的关键，是一道菜的内蕴，也是最难掌握的地方。老板在"海霸王"当厨师时，练就出一身饭店料理的好火功，大火快炒的功力早已炉火纯青。

"良友"采取圆桌式的办桌摆设，出菜尤其快，点菜后往往不到十分钟菜肴马上上桌。饥肠辘辘的你，保证半个小时内就可以挺着饱足的大肚子笑着离去。又因为客人的流量高，食物也非常新鲜。比起"海霸王"的"霸气"，这里适合良师益友们品尝开胃又便宜的家常合菜。

吃台菜的时候，叫一瓶台啤配着吃更够味！

尽在不言中的窝心滋味

黄老板三十几年的功夫，也展现在挑选食材的时候。熟谙台湾这片土地的季节和产区的黄老板，会针对不同的季节推荐客人不同的菜色。黄老板说，台湾的叶菜类，几乎都在重阳至清明时"生得最漂亮"，不管是高丽菜或韭菜或葱等等，每年的一到三月是享用的佳节。那么到了夏天该吃什么呢？天气越热长得越幼嫩的，当属空心菜和各种瓜类。因此虽然现在农业发达，一年四季都能吃到各种叶菜，但黄老板知道在这片土地上看老天爷脸色的农作物"对时"与"不对时"必定有所差别，而他只想给客人最好的，因此店内推荐的炒青菜，永远是最对时的那一种。

除了只想给客人提供最好的，在这里吃饭，还可以感觉到浓浓的人情味。老板或老板娘送客时，会诚恳亲切地对新顾客说声"多谢"，若是熟面孔老顾客，还会听到如同好友之间的问候："呷饱没？吃得有欢喜没？"

不仅仅是这般言语上的温暖，黄老板在看不见的地方也一样贴心。像是一大桌人来叫合菜，若只叫菜不配饭，便炒得清爽点，免得客人嘴里燥渴，猛配饮料反而害了消化；若是看

良友小馆的炒青菜硬是比别人的好吃，除了炒功，也因为……正对时……。

见几个人来，都点了白饭要配菜，那么就炒得好下饭；遇到上班族中午来用餐，就炒得口味重一点，让人提起精神打拼；若坐了一桌的小姐或年纪大的客人，那么就少点油、多点菜，吃美味也要顾健康。

木讷腼腆的黄老板，不只是一身好功夫"尽在不言中"，他对待客人的心意，也默默地温暖了每个客人的心房。

老板有二男一女三个小孩，老大在当兵退伍后回餐厅帮忙。老二在餐厅掌厨，考取台湾高级厨师执照。女儿是台湾交大管理研究所的高材生，有空也会到店里帮忙。

靠着专业和用心，老板将好味道一直传承下去。（图为老板和他的二儿子）

菜脯蛋

　　一般吃到的菜脯蛋，往往菜脯死咸，蛋身油腻或过于干硬，但"良友小馆"的菜脯蛋，菜脯Q脆，甜咸适中，且蛋身柔软滑嫩，不见多余油脂，亦不见边缘干硬。

　　我曾问黄老板：怎能把油量抓得这样恰到好处？老板笑笑说，做菜做了三十几年，"就是会知道"！

豆豉青蚵

　　第一次吃到豆豉青蚵时，嘴里满溢的青蚵汤汁让我非常感动。通常这种细料的炒菜，总会吃到一两颗滥竽充数的瘪蚵，但这里的蚵却是粒粒饱满，颗颗鲜甜。

　　黄老板说，他的青蚵只用当天从早市买回来的，并花时间挑掉杂质。配上豆豉和蒜头一起快炒，青蚵特有的腥味便调和为香气，连平常不敢吃蚵的客人也吃得津津有味。

麻油腰花

　　只选购最新鲜的猪腰，洗净切好，再以流水慢慢冲洗半小时。流水冲洗不但能保持腰花的脆度，还能去除恼人的尿骚味。

　　下锅前，先以老姜加麻油爆香，接着再以大火快炒。麻油腰花很多人会做，但食材及处理方式若不讲究，入口的感觉就差了一大截。"良友"的麻油腰花脆度适中，口感极佳，不但饕客喜欢，也相当适合坐月子的妇女食用。

阿鸿笔记

老板得意菜色，千万别错过

除了我最爱吃的那几道菜之外，问黄老板还会推荐什么，他常挂在嘴边的有宫保鸡丁、豆干炒肉丝、姜丝炒大肠等等。

宫保鸡丁保留了鸡肉的鲜美多汁。那豆干炒肉丝是特选大溪豆干，滑嫩程度和弹性不输一同入口的肉丝。再说姜丝炒大肠，姜丝辛辣却不呛鼻，与酸菜一同透着清甜，并适时提出大肠的鲜美，让人回味再三。

出身"海霸王"的黄老板，做出的好菜真是说也说不完！

桶后温泉　乌来名汤　天池温泉

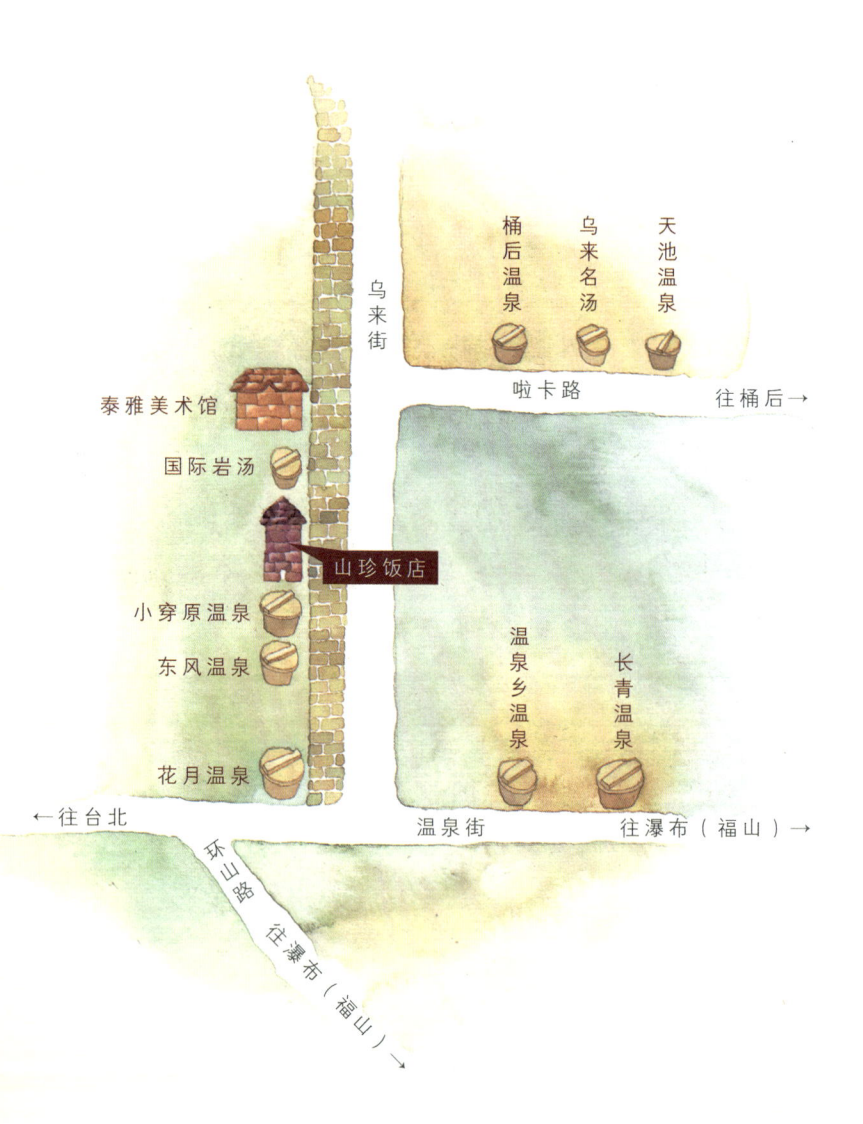

啦卡路　　　　　　　往桶后→

泰雅美术馆
国际岩汤
山珍饭店
小穿原温泉
东风温泉

温泉乡温泉　长青温泉

花月温泉

乌来街

←往台北　　温泉街　　往瀑布（福山）→

环山路
往瀑布（福山）→

山珍饭店
——超级阿嬷的山中野味

新北市乌来乡乌来街30号
02-2661-6422
早上10点至晚上10点
无公休日

　　山珍饭店的创始人——山珍阿嬷，是个独立的女人，她独立处理生命悲痛的能耐，比很多男人都强。想到阿嬷，我脑海中常出现一个瘦削的老妇人，独自站在悬崖边，衣衫被吹得哗啦作响。山珍阿嬷昂然迎着风，脸上平静而执着，宛如一只风中的孤燕。听着她的故事，看着她的坚韧，我总是感动不已，连自己的忧愁烦苦都随之烟消云散了。

招牌菜

青木瓜大奶煲

　　来山珍饭店，有一道汤品是绝对不能错过的，那就是山珍阿嬷独创招牌靓汤"大奶煲"。取山上尚未成熟变黄的青木瓜和白木耳、排骨、红枣四种材料，以清澈的山泉水清炖七到八小时，再打开盅碗，红绿相映的颜色十分讨喜，口感清爽甜蜜。这道汤含有丰富的酵素以及胶质，不但养颜，还可以丰胸通乳。许多女士远道而来，只为了一尝这碗天然的丰胸圣品。

乌来之母的传奇

乌来山地因桶后溪、南势溪蜿蜒流过，两侧山峰高耸，形成秀丽的山水奇景。日本人在殖民时期发现这个风光绮丽的部落，于是筹设"林务局"管理山地资源，伐林造木，建造台车轨道以输送林材。

山珍阿嬷的先生是当时"林务局"的员工，因为工作关系举家迁到乌来定居。阿嬷三十七岁时，先生不幸因肝病过世，她一个人扛起家庭重担，带着公公、婆婆和六个小孩，经营小吃店，为伐木工人包伙食、做小菜赚取生计。

阿嬷一个人含辛茹苦养活全家九口，竟然还有余力为自己的生命开拓更宽广的舞台。她真心关怀乌来这片美丽的土地和上面的住民，于是自发性地与当地居民互动，投入当地建设，为地方谋福利。

阿嬷常说，人要先安居再乐业，乌来是她的第二故乡，她必先想到地方，再想到自己。山珍饭店的温泉设施是整个乌来地区最后一间修建完成的，可见阿嬷的无私。山珍饭店是乌来最早成立的餐厅之一，已经营了六十多个年头，而阿嬷也过百岁之龄，是乌来历史活生生的见证者，因此相当受当地居民尊重，连泰雅族人也尊称她为"乌来之母"。虽身处男性主导的环境中，但阿嬷担任了十三届的乌来乡民代表，向政府争取到许多资源。乌来现今的消防队和停车场，即是她在任时力争而来的两大重要建设。以前泰雅人的房子多以木材建造，山上风高物燥，很容易起火，一旦有灾难发生，根本等不及山下救援。阿嬷争取到消防资源，并且组织起一个自救会，避免了许多悲剧的发生。

如今乌来已是游人如织的风景名胜，但如果没有当初的大型停车场规划，也容纳不下现在大量的人潮。山珍阿嬷的高瞻远瞩，是乌来永续经营的基座。

你一定要吃的山珍野菜

山珍饭店的野菜均来自当地农友的田畴,健康无污染。一方水土养一方人,到乌来,请不要以价格挑菜,你一定要吃的是原生山地菜。

在山珍饭店门外就能看见一整排的新鲜野菜,翠绿清新的颜色让人立马胃口大开。

风中孤燕的美丽与哀愁

身为台湾早期的女性政治家，山珍阿嬷并未为了融入男性同侪而学习他们强烈激进的手法。当其他男性代表进行质询或抗争时，阿嬷发挥女性的柔性特质，在会议上从不与人争吵，而是婉转地请对方考虑她的意见。

她就像杨家将中的佘太君一样，个性硬朗，有勇有谋，但态度柔软，懂得为人着想，大家都喜欢她。兼具男性坚毅独立和女性温柔美丽的山珍阿嬷，和乌来的山泉水一样，涓涓而流，却潜藏巨大的能量，让男人折服，女人向往。她的政治风范与政绩，在早期沙文主义社会中难得一见。

山珍阿嬷的性格，不仅展现在公共领域的从政行为中，她的一生，也有着外人无法体会的坎坷波折。或许不幸的际遇更能显出一个人独特的人格。人生巨变不断冲击着山珍阿嬷：先是早年丧夫，但还有幸能与两个儿子相依为命，没想到在几年前，其中一个儿子过世，白发人送黑发人的悲哀，只有当事人能了解。之后，或许是同行相嫉，饭店遭人检举是违章建筑，店里纷纷扰扰。

即便如此，阿嬷还是安慰自己：人生本有福有难，等到事过境迁，生活就能平静如往昔。谁知一波未平一波又起，阿嬷的命运依然无法平静，另一个儿子工作不顺利，孙子又遭诬告，平白惹上官司。接着，身为她饭店左右手的媳妇竟然中风，一家子几近崩溃。

然而，坚强的阿嬷从未掉过一滴眼泪，她接受上天安排的命运，不怨天、不尤人，每天依旧到饭店来，坐镇在厅内一角默默地守候。她的不老传奇，甚至吸引了日本NHK电视台前来采访呢！

卤桂竹笋

"卤桂竹笋"是"山珍"的招牌菜之一。春天之后的第一批笋子，称为桂竹笋，为乌来的特产。乌来乡公所每年都会举办"采桂竹之旅"，供民众亲尝采笋之乐。桂竹笋最令人称道之处，在于纤维质比其他食物来得高，吃起来清嫩爽口又营养。

山苦瓜

山苦瓜、生炒山猪肉，都是在山地生活的乌来人们爱吃的菜色，另外山地竹筒饭则深受观光客的欢迎。来到山珍饭店，就该吃吃平时吃不到的原生山地菜。

生炒山猪肉

竹筒饭

阿鸿笔记

"超级阿嬷"的养生之道

高龄的山珍阿嬷养生有道，年过一百之后还能像小女生般小跑步，越挫越勇的她，能量到底打哪儿来？

原来阿嬷每天都喝乌来的泉水，还一天泡三到四次澡。乌来温泉属弱碱性的碳酸泉，俗称"美人汤"，饮用可中和胃酸，改善痛风、糖尿病、胆结石等症状，有"肝胆之汤"之称誉；浸泡则有美白、软化角质、滋润皮肤、促进血液循环、镇静神经之效。

除了以泉水当茶水和洗澡水之外，早期阿嬷还用打麻将来帮助记忆，现在没有伴的时候，她就"自力更生"，改玩一个人的游戏——拼图。如今阿嬷已经仙逝，但想到阿嬷生前活力充沛的模样，让我更加珍惜自己的健康，希望能像阿嬷一样长命百岁！

永乐市场

迪化街

延平北路二段

重庆北路二段

宁夏路

甘谷街

延平北路一段

天水路

姚家酒家菜

重庆北路一段

姚家酒家菜
——大稻埕硕果仅存的精致台湾味

台北市南京西路344巷15号门牌前
02-25567266
下午4点至晚上9点
每周日公休

大稻埕的法主公庙对面，有一条小巷道。入夜后行人稀少，但有个摊子亮着灯，且每晚都有饕客慕名前来。这就是姚师傅的摊子，身居陋巷却依然掩不住大厨的手艺。姚师傅精通各式各样的台式手工精致大菜，年轻时掌厨无数宴席，让各餐厅饭店老板竞相聘用。他甚至曾以一个路边摊老板的身份，受邀负责法主公庙的酬神庙会办桌，让上百桌的精致素食，留下宛如神造之手的好评。

虽身怀绝技，但姚师傅生性恬淡，讲究吃食的缘分与心性，故乐于在路边摆摊，与各路食客同乐。

招牌菜

白玉兰花

　　展现惊人刀工的"白玉兰花"——此"花"乃从花枝幻化而来。姚师傅拿着中式大菜刀，刀刃轻快地飞舞在整片花枝上，待花枝过滚水汆烫，便开出朵朵雪白的玉兰花。玉兰花沉浮的池子是自制的甜酒酿，承自正统的潮州做法，酸甜的口感加上精致的刀工，使人难以忘怀。

骑楼下的酒家菜

姚师傅做的台式精致手工菜，之所以又被称为酒家菜，是因为摊子的所在地，曾是富丽堂皇、金光烁烁的酒家群聚之地。

早年日本殖民统治时期，延平北路和南京西路一带，除了是进入台北的主要道路，亦是台北市最重要的一条商业街。各路政商名流衣香鬓影络绎不绝，一道道摆盘华丽、精致高雅的菜肴连番上桌，猜拳吆喝声、女子嬉笑声不绝于耳……处处可见仕绅商贾觥筹交错的奢靡景象。

但随着时代变迁，台北商圈的重心渐渐移出大稻埕，著名的大酒家如"江山楼"、"蓬莱阁"等等皆相继消失，酒家文化在台湾逐渐式微，大稻埕一带逐渐没落，在十里洋场里专做酒家菜的师傅也所剩无几。对许多老饕客来说，酒家菜似乎慢慢成为只存于记忆中的味道。然而，在法主公庙对面的巷子里，有一家不甚起眼的小摊子，虽没有金碧辉煌的装潢，没有仕绅商贾的呼叫吆喝，但却有硕果仅存的正宗酒家菜。

姚师傅守着这个小摊子，已经有四十余年的光阴，他看着大稻埕的繁华与没落，看着他的同行先后凋零远去。

不论是四十多年前或是现在，姚师傅都以他高超的厨艺，打造一桌又一桌菜肴，坚持最初的信念，要让客人从嘴里吃到手里拿的都有酒家筵席般的待遇，这也是为什么姚师傅不采用耐摔又轻巧的塑料餐具，自始至终都让客人能捧着瓷碗，就着瓷盘，吃着一桌菜名婉约动听、上桌时亦色香味俱的精致手工菜。"姚家酒家菜"就是能在各种细节当中，明白姚师傅维持吃食质感的用心。

走过六十余年的厨子人生

姚师傅忆起自己的厨子人生，要从三岁说起。姚师傅的爷爷和父亲也都是厨子，年幼的他在家里的餐馆一边游乐一边懵懂地工作，被大人唤着做些端盘子、捡菜梗一类的杂活儿，他不觉厌烦，倒挺有兴趣。长期在厨房里看着父亲打转的身影，姚师傅在五六岁时便萌生了当厨师的念头。父亲见他有当厨子的天分和志向，便让他跟在身边学，不知不觉在十几岁时，已练就一手惊人的好刀工。

姚师傅成年后，只身上台北找叔叔。当时叔叔在台北的大餐厅工作，他希望先跟在叔叔旁边，学习一些家乡没有的大菜。然而行行都有规矩，就算他再有厨艺的天分和底子，依旧得先从打杂做起。同时餐厅也规定，打杂的不能随便学做菜，如果让厨房里的人看到他偷看厨子工作，是要被抓起来毒打的。因此在那段时间里，得靠叔叔私底下偷偷教，他也尽可能趁大家不注意时偷看、偷学。就这样一边打杂工作，一边自己找空隙学习成长，熬到可以出师，已经是三年半之后的事了。

出师后的姚师傅自立门户，在现址摆个摊子。他一边受雇于各大宴席场合跑遍全省，一边在这十里洋场之地，与酒家的繁华共生。

常有人问他，以他高超的厨艺，摆摊生营总有杀鸡用牛刀之感，对此姚师傅看得很淡，他觉得吃食是一种缘分，做菜的人开心、吃饭的人幸福，这才是最重要的。因此他不迷恋总厨的荣耀，不喜欢吆喝忙碌的大餐厅，只愿在他的摊子里，慢工出细活，满足每个来客的舌头。

姚师傅忆起父亲曾经对他说：人有个志向是好事，做厨子最大的好处就是不愁没饭吃，但其中的辛苦和辛酸不足为外人道，要身在其中才能体会。但若下定决心就要贯彻到底，不要高不成低不就。姚师傅一直将这一席话刻在心中，因此他在少年出师后，靠着踏实积极的干劲，成为当时台菜界里炙手可热的名厨。他也不因此自满懈怠，在酒家繁华的世界里建立地位，并屹立不摇。

姚师傅的摊子乍看之下，和一般黑白切的台式小吃摊没两样，但定睛一看，菜牌上头所列的菜名，仿佛是高级酒席的大菜单。这可不是哗众取宠，每一道菜都是确确实实的硬底子手工筵席菜。

在小摊子吃饭时,做菜的过程总能看得一清二楚。永远理着三分平头的姚师傅,对每一道工序都非常仔细,且气定神闲,不疾不徐。

姚师傅虽然敌不过岁月催老,一些琐碎的工序会交给身旁的助手做,但仍无损累积了这么多年的精细与滋味。

铁汉柔情的掌中乾坤

姚师傅做的酒家菜,原型是潮州菜。潮州菜讲究的是"汤、淡、甜、慢",同时"食不嫌精,脍不嫌细",不但食材种类繁复,且制作费时费工,同时摆盘要精致华丽,取名还需婉约动听。姚师傅以堂堂潮州硬汉之姿,做出无数巧夺天工的大菜,可以说酒家菜的风情万种,都收拢于他的掌中。

如此大格局的料理,没有一定的训练和经验是做不出来的。他能成为台湾做酒家菜的个中翘楚,让人不得不由衷佩服。

姚师傅的刀工硬是了得。手执中华菜刀在花枝背上轻巧雕画,转眼间,等距相间两公厘左右、深浅划一的刀痕便赫然出现在眼前。一见这神技,便明白姚师傅著名的"白玉兰花"何以能开得朵朵灿烂了。

莲花脆骨

将猪头皮和猪耳朵斜切成大片薄片,如莲花瓣置于盘中。不似一般的凉拌菜会在猪耳朵顶头洒葱花,姚师傅的脆骨莲花,是以青蒜斜切成丝来增加辛辣的香气。浇上添了乌醋的特制酱料,清爽的滋味和口感,不论是用来开胃还是下酒都非常适合。

酸甜回锅肉

回锅肉原是四川名菜,后广传各地,渐渐融入不同口味。但不论怎么变化,做回锅肉的关键依然在"精细"二字,表面看来简单的料理,若在色香味上出众脱俗,更需要深厚的功夫。

姚师傅的回锅肉,肉块切成恰可入口的厚块,肥瘦均匀,弹性极佳,且色泽金黄饱满,口感柔嫩,配饭吃往往觉得叫一份还不够呢!

焖烧喜鹊鱼

乍见菜名有鱼,上桌时却不见鱼形,一口咬下才知道鱼已经化为包馅的外皮。姚师傅用微妙的巧劲,将海鲡鱼块拍打成完整的薄片,并将内馅包入其中卷成条状,再入锅焖烧。内馅混入猪肉浆与虾仁浆,还有虾米和碎花生等。说来这道菜有十几种食材,但姚师傅却能让各种滋味互相碰撞,相互协调,融为一体,吃来甚是高雅。

鱼肉面

第一次点这道鱼肉面的时候,雪白方正的鱼肉薄片煞有弹性,叫我一度以为那是猪肉片。而铺满盘面的鱼肉再淋上姚师傅的独门酱汁,盖住了底下的米干面线,乍见不免狐疑鱼片面怎不见鱼也不见面,待定睛一看才发现鱼肉与面皆在。这鱼肉面确实诚意十足,滋味亦是百吃不厌。

阿鸿笔记

随缘最珍贵

　　姚师傅对享受吃食的客人十分热情，遇到吃得欲罢不能的客人，姚师傅也总有办法在瞬间变出菜牌上没有的好菜。看着他满脸堆着笑容，端出一道又一道的惊喜，不禁莞尔，那摊子上的菜牌根本是姚师傅精彩好菜的冰山一角。

　　姚师傅说，现在菜牌上列出的菜色，比以前要少很多。一方面台湾的饮食习惯改变，渐渐不会在闲暇娱乐之际打一桌大菜来吃，另一方面是体力已经不堪负荷。姚师傅说，有一天他端出得意的"潮州火锅"到客人桌上时，发现自己的双手颤抖，当下惊觉已青春不再。

　　问到他一身的好功夫是否有传人？姚师傅摇头说没有。过去有很多人曾慕名而来，想拜师学艺，但都无功而返。除了亲眼看到费时费工的繁复工序而萌生退意，最主要的是姚师傅立下条件：要做好菜，就不能怕烫。这不怕烫的标准，是要能徒手端起滚烫的汤锅，不管你要用多少时间去练。这可不是在吹擂，墙上一张照片中，年轻的姚师傅正以掌心托着一锅冒烟的火锅。要练就一双铁砂掌，真正的精神便是不怕苦痛。由于这个坚持，至今依然没有半个徒儿能传承。

　　看着姚师傅一头雪白的三分头，以及脸上沉静的微笑，或许他也在等一个奇迹，能让好滋味延续。

031

汀州路一段　　　福州街

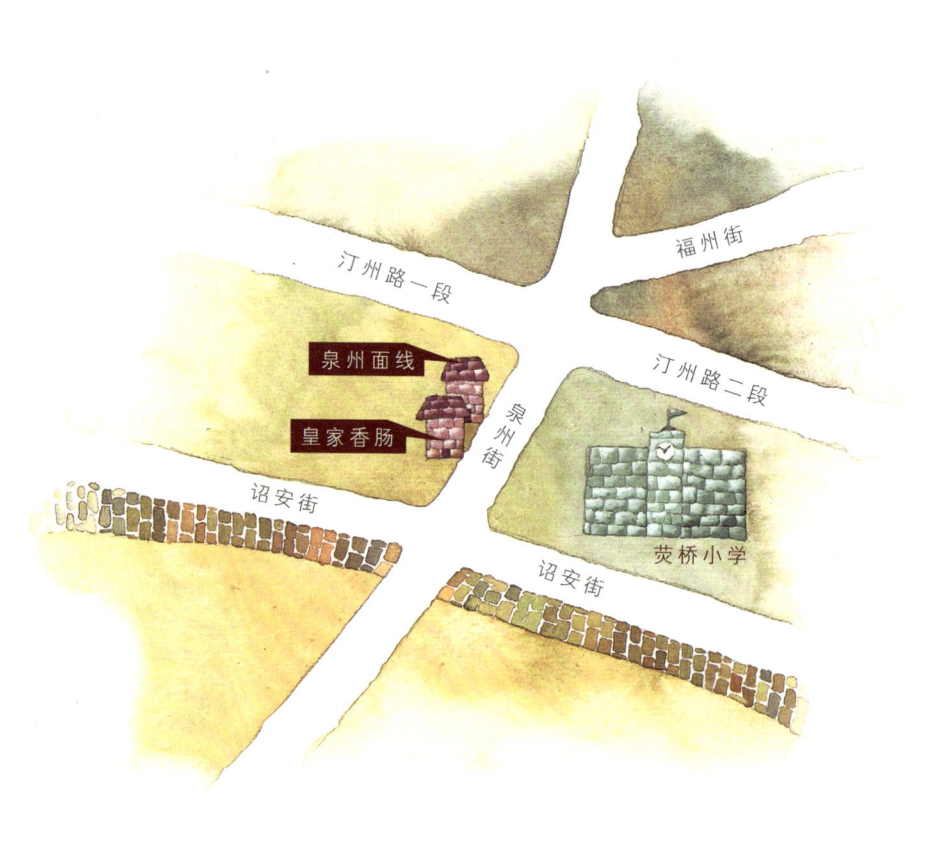

泉州面线
皇家香肠

汀州路二段

诏安街

泉州街

诏安街

荧桥小学

黄家香肠与泉州面线
——让运将闻香下车的最爱

（黄家香肠）台北市泉州街32号之3
02-2309-7428
下午1点至晚上7点
每月第二、第四个周日公休

（泉州面线）台北市泉州街32号之2
02-2305-2100
早上11点至晚上7点
无公休日

这两家比邻而居的小店，几乎每个出租车司机都知道。虽然已有不少媒体曾来报道过，但对我来说，这种身居陋室窄巷依然生意兴隆、滋味依旧的美食老店，让我不禁要再品味一回。

招牌菜

鲜肉香肠&蚵仔面线

一根十五公分的鲜肉大香肠，一碗料多得看不到面线的面，一对绝配的组合，两家店共同谱出美味的组曲。在这泉州街和汀州路的大交口，空气中浓浓的面线香和香肠的炭烤香，让许多人停留驻足。

黄家香肠：鲜肉香肠第一家

循着泉州街上飘散的香味，我来到一台栖身窄小巷口的推车旁，那儿飘来一阵阵令人垂涎的烤香肠味。

这就是1990年在此诞生的"黄家香肠"。多少年来，"黄家香肠"坚持只卖独家特制的原味香肠，每天都要卖出至少五百根，和相隔不到五米的"彭大姐面线"成为泉州街上比邻而居的两大美食据点。

"黄家香肠"的摊子虽然居身不起眼的角落，一不小心就会忽略掉，但只要营业时间一开始，便会出现阵阵扑鼻而来的香味，以及络绎不绝的顾客们，让人不注意也难。

"黄家香肠"一出现便掀起热潮，因为台湾早期的炭烤香肠，都是将灌好的香肠风干后再去炭烤，而"黄家香肠"是第一家不经过风干，直接用新鲜猪肉香肠来炭烤的香肠摊，这也是这家香肠比任何一家香肠都要鲜甜的原因。

为了要让人吃到猪肉的鲜甜，黄家特别研发腌制酱料，在其中掺入肉桂、高粱酒。新鲜的猪肉经过一天的腌制入味，再于隔天早上灌肠。黄家的香肠，在咬下去的瞬间，肉汁便在嘴里迸发出来，肉质湿润饱满而充满弹性，同时每一口都能享受到香甜不腻的油脂。

一台流动推车，上头一个长方形的炭炉，同时有四个精壮的大男人加上老板娘围在旁边，顾着摊子上不停转动的香肠，或者招呼客人。

他们手上都戴着粗布白手套，拿着铁夹不断地翻动香肠，让香肠就像是在炉火上弹跳滚动似的。

随着他们让人眼花缭乱的身手，只见香肠渐渐漾出漂亮的色泽和闪闪的油光，他们的脸上也满是汗水。

二十年来单一口味

一般的炭烤香肠,由于咸腻干燥,非得拿一杯饮料来配着冲嘴,但是黄家的香肠,它多汁甜美得惊人,反而让人忍不住一口接一口。真要拿什么来配,那也只能是老板娘准备的整瓣大蒜,先吃一口香肠,再嗑一口大蒜,吃得嘴巴臭气熏天,辛辣够劲。

问到老板娘,每天可以卖出多少呢?老板娘笑笑说,她也没真的去仔细算过,不过每天准备的鲜猪肉大概将近一百斤,如果用每个小时大约卖出的数量来算,说不定有五百根吧!这还不包括来买生香肠的客人——有不少老饕登门造访,是专程来买生的香肠。

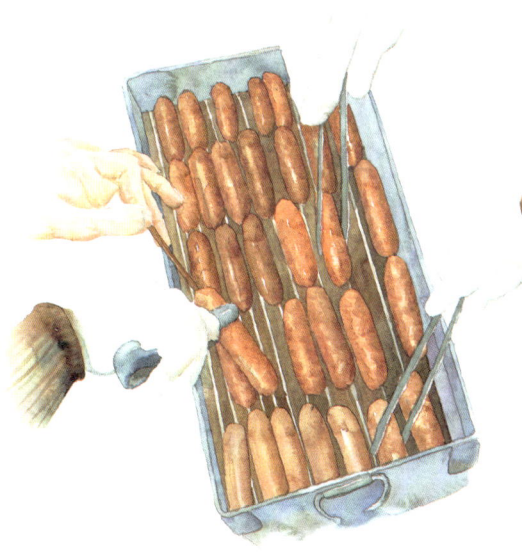

香肠里的肉桂和高粱酒,以及饱满的新鲜猪肉,使得黄家的香肠不只在味道上特别鲜甜,经过高温炭烤,香气也不同凡响。我是不太爱吃香肠的人,但对黄家香肠却一点招架能力也没有了。

阿鸿笔记

中秋前后热门的生香肠

搭着中秋节烤肉的热潮,黄家的生香肠在中秋节前后,销路好得不得了。老板娘说,如果没有提早一个礼拜先来预定,可能就买不到了。

黄家的生香肠汁多鲜甜,非常适合做现烤现吃的中秋节烤肉。不过因为没有添加任何的防腐剂,即使存放在冰箱里,也要在一周内享用完毕!

泉州蚵仔面线，滚动四十余年

在"黄家香肠"旁五米不到的地方，飘来另一种香味，仔细一闻，是每个台湾人都熟悉的面线香。没有显眼的外观，客人依然能寻香找到"泉州街蚵仔面线"。我最喜欢在吃完一根香肠之后，晃到这里来再吃一碗面线，或者把顺序倒过来也很过瘾。

彭老板在1974年推出一台路边摊，那就是"泉州蚵仔面线"的前身。彭老板一手支撑这个面线摊直至今日，算起来比"西门町阿宗面线"的历史更为悠久。

起先，彭老板的面线摊没有位置也没有店面，但生意好到引来警察的注意。因为在营业的时段，摊子旁总是挤得水泄不通，而当时泉州街尚未拓宽，却是交通要道，只见客人或蹲或站在路边，手捧着一碗热腾腾的面线大快朵颐，同时一辆一辆出租车、卡车、轿车纷纷停靠过来，向老板吆喝买面。人车争道，交通受阻，让交通警察非常头痛，不得不出面管制。

在最鼎盛的时期，营业时间只从下午三点到六点。摊子从推出去开始，老板的双手飞快地盛面、补料、收钱，挥汗如雨，一秒钟都没有停过，小小的一个摊子，短短的三个小时就卖出上千碗面线。平均下来，每十秒就要端出去一碗面线，不难想象在更早的时间，有多少人在摊子前大排长龙。

时至今日，泉州街依然是穿梭台北县市的交通要道。随着城市的发展，道路大幅拓宽，面对宽大的十字路口，蚵仔面线摊顿时显得渺小，但空气中依旧飘散着浓浓的面线香，碗里的面线依旧料好实在，因此对"的哥"和老客人们来说，"泉州街蚵仔面线"的魅力从未消减。

每一口都有大肠蚵仔加面线

现今蚵仔面线摊已由第二代彭大姐接手,并迁入现址的一楼店面内。座席的环境和一般的饭馆不同,并非在厅室里摆放一式一款的桌椅,而是有着类似住家客厅的室内座,门外的庭院则是室外座。听老板说,这个地方原本是个家庭理发厅!

一踏进庭院,便可看见蚵仔面线的推车,老板隐身在推车后面,张罗着煮食的工作。

室内座位的墙上挂着老旧的斗笠和月历,贴着斑驳的海报,角落堆放着一些生活杂物与纸箱,音响传来"纳卡西"的音乐。从以往到现在,一切仿佛都未曾改变。在车水马龙的大马路边,这个空间静静地在此延续着过去的风景。

在老板面前的推车上，除了一大锅热腾腾的面线之外，还有两个大塑料袋，一袋装满了大肠，一袋则装满了蚵仔。每当锅里的料材捞得差不多时，彭大姐就提起袋子，整个倒栽地往锅里倒，不计成本的作法让人看得瞠目结舌。所以面线一盛上来，摆在眼前吃在嘴里的丰盛滋味，都让人忍不住笑称是"大肠蚵仔加面线"。

令人难忘的不只是这般豪迈的作风，更重要的是面线的滋味。彭大姐每天早上六点便出门，到台北最大的肉材交易中心——"中央市场"去买料，其中最重要的大肠、蚵仔和虾米是决定面线滋味的关键。彭大姐坚持使用不含酱油的陈年白卤汁处理大肠，保留大肠的特殊香味。蚵仔要挑选肥美的鲜蚵，先上薄粉再过油，保持肉质的饱满。要经过这一道手续，在面线锅里滚动的蚵仔才不会越缩越小，不至于流失鲜美的海味。而那一锅看似平凡的面线糊味甘而不腻，秘诀就在它的汤体是用大量的虾米熬制而成，自然比各种调味料凑起来的味道要醇厚有深度。

经过这么多年头，"泉州面线"的生意依旧兴隆，但彭家并不想拓展版图。对彭大姐和彭老板来说，在这个小地方默默奉献，守着当年度小月的精神，和熟客们在庭院的一角聊聊天，吃碗面线，才是最满足的事。许多观光客会耳闻西门町"阿宗面线"的盛名，然而在北台湾老饕的心中，泉州蚵仔面线才是心中最温暖的滋味。

现在庭院里还有另一个摊子，卖金桔柠檬汁，是彭大姐的外甥摆的。吃完面线，点一杯金桔柠檬加话梅，酸甜冰凉的滋味，让嘴里一阵清爽，心里一阵满足。

推车所附的两个位置，可以说是熟客的专属座位，熟客们一进来便坐到推车前，和老板娘话家常。

阿鸿笔记

蚵仔面线的由来

在我小的时候,还没有"蚵仔面线",只有"面线糊"。

面线糊最初并没有肉料,是将泉州手工白面线先行蒸熟,面线经高温变成红色,即成为红面线。因质地细得像头发一样,故又称"镦鲞面"。红面线的韧度高,可久煮不烂,并在滚煮的过程中释放淀粉质,能使汤头变得稠糊有黏性。

据记载,面线糊最初源自福建泉州,后随着泉州人移居鹿港而发扬光大,而加入各式肉料的做法,是面线糊来台后慢慢发展出来的。《台湾府志》有如此记载:"鹿仔港街,水陆辐辏,米谷聚处,居民十之九八为泉人后裔。"鹿港人后再搭配以肉羹,便是有名的"鹿港面线糊"。

后来北台湾人为了增加营养,以红面线搭配含高蛋白质的蚵仔和大肠,便成为著名的台湾小吃——蚵仔面线,是劳动界经济又美味的小吃,让每个人都能吃饱再上路。

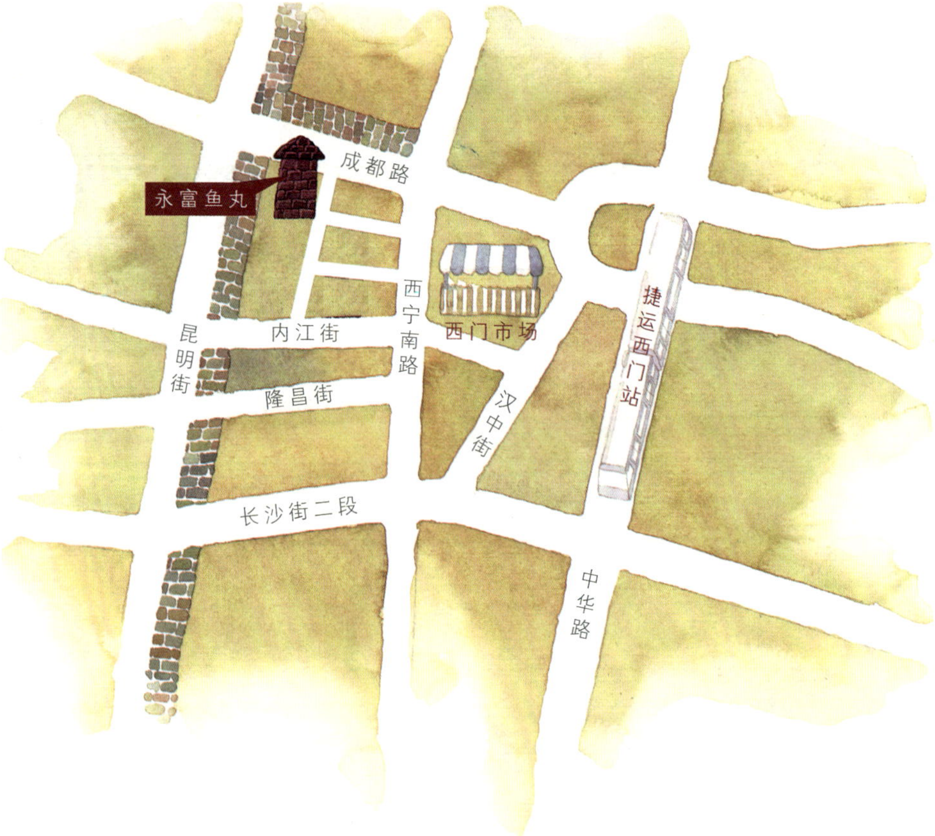
成都路
永富鱼丸
西宁南路
西门市场
捷运西门站
昆明街
内江街
隆昌街
汉中街
长沙街二段
中华路

永富正宗福州鱼丸
——胶原蛋白美容圣品

台北市内江街43号（近西宁南路口）
02-2331-3654
早上9点半至晚上10点
无公休日（农历过年休五天）

　　坚持以手打鱼肉来制作鱼丸，五十多年的硬底子功夫，咬一口就知道。"永富鱼丸"的鱼肉鲜甜，口感松软又弹牙，内馅的猪肉肉汁浓郁饱满，和着清爽的汤头一起入喉，那是一种使人眷恋不已的味道。

　　将鱼皮制成多项料理更是一绝，所以在这儿品尝美食也吃进天然的胶原蛋白。

招牌菜

福州鱼丸汤

鱼丸的质量好坏吃起来有天渊之别，用料实在当然是最重要的，但是除此之外，打鱼肉的功夫也直接影响到鱼丸的弹性。"永富鱼丸"采用的是鲨鱼肉，店家每天清晨都会起个大早亲手打鱼浆，将鱼丸捣成茸，再加番薯粉搅拌直至细软均匀带胶状，然后用汤匙一勺勺慢慢刮出一颗颗大小相似的鱼丸，再包上猪肉馅，整个过程都是百分百手工制作。

番薯地上的福州滋味

"永富鱼丸"由现任老板娘的父亲所创立。五十多年前,他将家乡的手艺带到这块番薯地,而他的家乡,正是鱼丸的起源地——福州。当时老板的父亲在延平北路上做起生意,"永富鱼丸"还只是个摊子。

约二十多年前,现任的老板娘嫁到西门町一带,便在现址开了分店,和父亲各踞一地卖着家乡的鱼丸滋味。老板娘的父亲现在已经九十多岁,"永富鱼丸"在西门町一带也已经是人人知晓的老字号鱼丸店。

「永富鱼丸」从一个摊子慢慢茁壮成为人人知晓的店面,但朴实、温暖的味道从没变过。

百分百手打鱼丸

手工制作的家乡味,传承极为不易。不消说细活不是人人愿意学,再者,手劲失之分毫,弹性口感便差之千里,所以市面上的鱼丸早已改用机器打制。而且为了节省成本,不仅鱼肉优劣混杂,还掺入过多的番薯粉,吃起来像在嚼面粉团。

但老字号就是有质量保证,"永富"的鱼丸颗颗洁白细腻、富有光泽,咬下去又松又弹牙,有一种让人忘不了的咬劲。鱼肉的鲜甜味,让人宛如徜徉海洋之中。当牙齿接触到丸子中心时,浓郁的肉汁喷射而出,令人惊喜的鲜味包覆着舌尖,吃得出是新鲜猪绞肉制成的内馅。汤头也够清爽,没有太多的杂质,整体合起来散发出一种使人眷恋不已的古朴味道。

"永富鱼丸"在全台湾只有两家店。在西门町的店面名气较大,不过追溯历史来看,在延平北路的其实是总店。现在两家都交由老板的女儿接手经营,将这珍贵的美味传承下去。

每天早上现做的鱼丸，用直径将近一米的浅篓装着。生意鼎盛的时候，一天要捏上数千颗，准备的鱼肉也要上百斤。除了鱼丸之外，店里卖的香菇丸和肉羹也都是每天早上现做的。

在"永富鱼丸"工作的店员，个个都已习得一身捏鱼丸的好功夫。每天清晨打好鱼浆之后，便要用汤匙迅速地刮出相同的分量，包入猪肉馅。

天然胶原蛋白，SKⅡ摆一旁

除了鱼丸，"永富"还懂得物尽其用，利用鲨鱼皮做出独步全台湾的美味。平时我们常吃的羹类不是肉羹就是鱿鱼羹，在这里却可以吃到鱼皮羹。清爽的羹汤加上口感爽脆的鱼皮丝，这种奇妙的美食经验，一定要亲自来体会。

鱼浆和鱼皮均含有丰富的胶原蛋白，福州鱼丸搭配鲨鱼皮，是比SKⅡ更有效的顶级美容圣品。福州人十分厉害，早就懂得利用吃鱼丸、鱼皮来补充胶原蛋白。胶原蛋白具有结合组织、连结器官、让皮肤充满润泽与弹性等功效，可以预防骨质疏松、对抗老化。因此多吃鱼丸，从日常饮食中即可摄取到丰富的胶原蛋白，不需要花大钱买名牌保养品，也能够养生美容，青春常驻。

凉拌鲨鱼皮是将鱼皮烫过后拌上特制酱汁，味道清爽顺口，嚼起来像海蜇皮般弹牙、嫩滑。鲨鱼皮比一般鱼类厚实柔韧，但皮上有很多细沙，需要很仔细地把它们洗刷掉，不然嘴巴中吃到沙子，无论味道多好都会大煞风景。

"永富"的鱼皮处理得仔细，完全没有腥味，也没有杂质。

阿鸿笔记

雪白鱼丸子，秦始皇也为它着迷

鱼丸是福州小吃中的经典，可以说没有一个福州人不爱吃鱼丸，逢年过节更是不可或缺，除了爱其味道鲜美，还有团团圆圆、年年有余之吉祥美意。在福州有一句俗话——"无鱼丸不成席"，可见福州人热爱鱼丸的程度。

关于鱼丸的起源，民间流传着一则与秦始皇有关的故事。话说秦始皇爱吃鱼，但讨厌遇"刺"，菜肴中只要有一根鱼刺，御厨即被拖去斩首。有一天，一位名厨奉命为始皇做菜，他瞪着躺在砧板上的鱼，不知该如何下手，又想到自己的身家性命全系在这条鱼上，不禁又慌又怒，抄起刀子便用刀背狠狠向鱼身砸去，没想到鱼骨竟然自动与鱼肉分离，得来全不费功夫。这时，太监来传膳，厨师干脆把鱼肉剁个稀烂，再把鱼茸顺手捏成丸子状，丢进旁边已经煮好的汤中。上桌时只见一颗颗雪白透光的鱼丸子，飘浮在晶莹剔透的清汤中。秦始皇仔细一尝，觉得味道好极了，龙心大悦给它取了一个贵气的名字——"皇统无疆凤珠氽"。之后鱼丸的制作方法从宫廷渐渐传入民间，老百姓简单称作"鱼丸"。

清末，福州地区发展出包有肉馅的鱼丸，人人爱吃，从此包馅便成为福州鱼丸最大的特色，与实心无馅的潮州鱼蛋和闽南鱼丸有所不同。

罗斯福路一段

捷运古亭站

南昌公园

和平西路一段

南昌路二段

同安街

罗斯福路二段

"国都"甜不辣

「国都」甜不辣
——孕妇和病人都能放心吃的美味

台北市南昌街二段161号（近同安街口）
02-2367-8452
早上11点40分至晚上10点
每周日公休

老板娘李妈妈和儿子、儿媳妇，三人同心运营着店里的生意，成为附近夜归人、补习班学子和名师的最爱。很多饮食店因为生意变好，开始赶工量产，质量也因此变得不稳定。李家一家子却个个沉稳内敛，坚持只把最好的给顾客。

招牌菜

招牌甜不辣

　　一般甜不辣的汤头往往是柴鱼味精汤头,他们却无论春夏秋冬,都坚持使用猪大骨和新鲜萝卜来熬汤。萝卜的鲜甜,加上猪大骨的粹炼,使得美味连孕妇和病人都可以放心享用。米血、鱼板、甜不辣、鱼丸、萝卜、油豆腐,样样都煮得恰到好处,吃得出食材新鲜。萝卜甜嫩不夹生,没有老根,就连最难保存的豆腐都永远新鲜。分量十足的甜不辣,再淋上以白味噌小火熬煮的自制甜不辣酱,简单的食物却让味蕾尝到完美的滋味。

人气小摊，缅怀过往好滋味

早期古亭区最豪华的大楼，是位于南昌街的"国都大厦"。大楼的一楼是汉宫旅社，楼上则是"国都戏院"。每当夜幕低垂，渴望从忙碌生活中寻求一点心灵慰藉的人们便纷沓而至。李金叶的甜不辣摊子，就摆在戏院骑楼前，每天晚上都会吸引一大堆客人。

然而世易时移，"国都大厦"已变成"灿坤大楼"，"国都戏院"亦走入历史。不过李阿姨的甜不辣却巍然独存，旺盛人气丝毫无损，也仍旧挂着"国都"的招牌，让人心底不禁涌起一丝惆怅，怀缅起往昔的种种滋味。

我多年来在这儿吃甜不辣，从来没看过李先生开口说话，但自从这个贵州媳妇来了以后，他居然开口对客人讲话了，看来两人真是另类的天作之合。

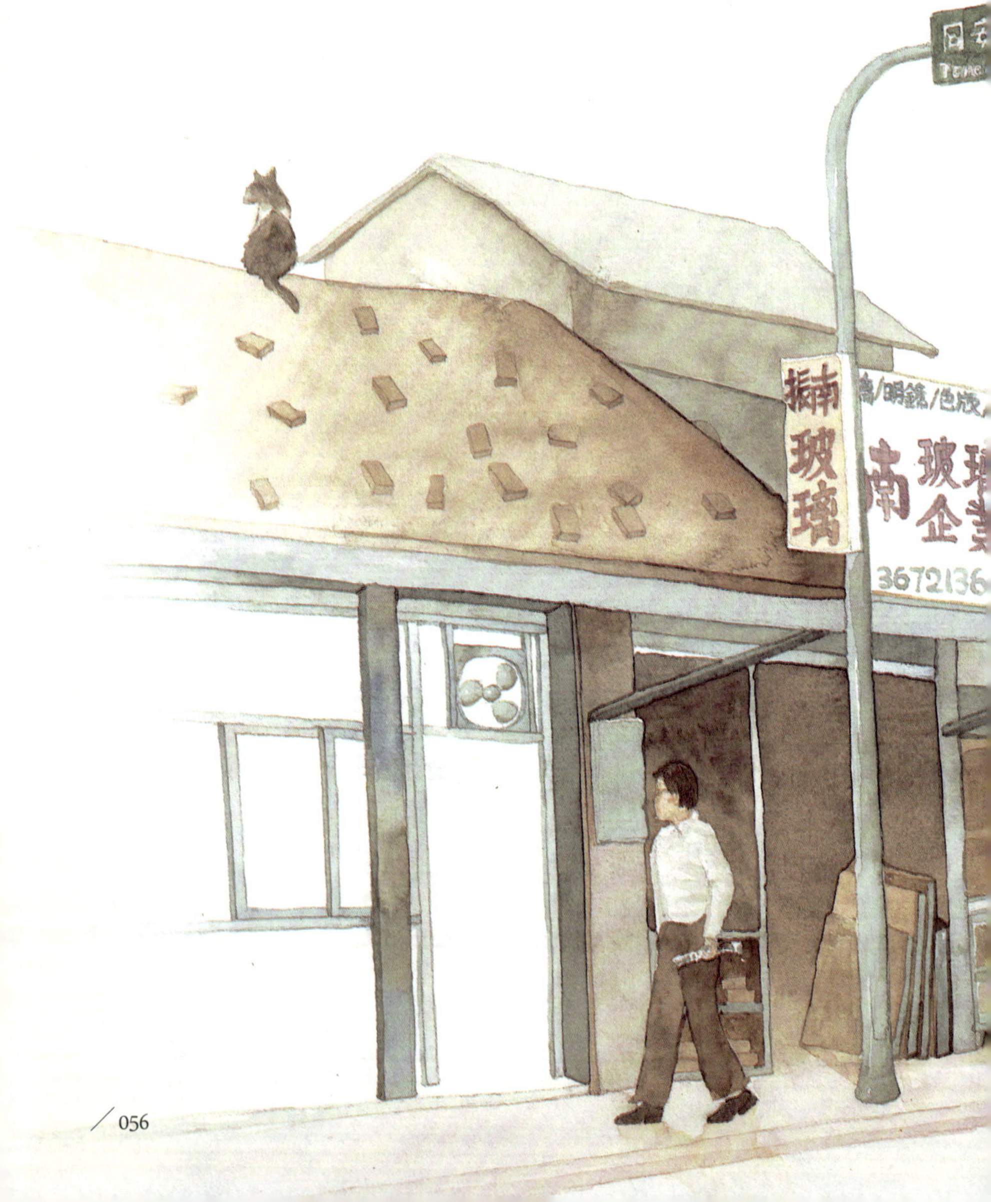
振南
玻璃
3672136

位于同安街和南昌街交汇口附近的"国都甜不辣",虽然是不起眼的小店面,却深植于许多人心中。

苦尽甘来的幸福小店

历经时间考验的"国都甜不辣",创始人是一位坚强的妈妈——李金叶女士。李妈妈是云林人,卖甜不辣至今已四十余年。二十几年前,她的先生抛下了她跟儿子,她只好单手挑起养家重担。在以前的年代,单亲妈妈的辛酸实不足为外人道也:一个人顾生意、带孩子外,还常遭白眼。

李妈妈的另一个重担,是患有自闭症的儿子,她靠着传统女性的坚韧,咬紧牙关,含辛茹苦,把儿子养大,还为他娶了个贵州新娘。吃过苦的人多能明白幸福得来不易,所以李妈妈并没有以"多年媳妇熬成婆"的心态对待媳妇,一家人反而和乐融融。这位媳妇,不但人长得漂亮,个性勤快,还十分懂事乖巧,是位善解人意的新娘。她现在和李妈妈的儿子,也就是她的先生李坤达,一同在店里帮忙,两人对话虽不多,但合拍的动作,却散发出一种谐和温馨的气氛。

母子曾经胼手胝足守着一个小摊子,日子自是苦不堪言,现在终于熬过艰辛,三人行一家人,处处飘着幸福滋味。

阿鸿笔记

自制甜不辣酱，搭粽子更美味！

"国都甜不辣"自制的酱料，是市面上各大牌子无可匹敌的。搭配甜不辣固然是绝配，蘸粽子吃更是美味一级棒。

现在已经很少店家自己做粽子了，"国都"的粽子可是全由李妈妈亲手包制，每天限量推出约五十只。虽然现在店面几乎全交由儿子打理，她在家里带孙子，但依然坚持亲自包粽子。

质量坏的粽子一打开，马上会松散开来，李妈妈包的粽子却像金字塔般，掀开香气扑鼻的荷叶，尖尖的角就挺立在眼前，从每个角度看，都是那么坚挺有个性。里面的饭粒颗颗饱满，咬下去，你会惊讶于猪肉块肥瘦适中，且深嵌饭粒中，看得出李妈妈拥有一手扎实的好劲道。

到"国都"若嫌一碗甜不辣不够满足，别忘了追加一只粽子来试试！

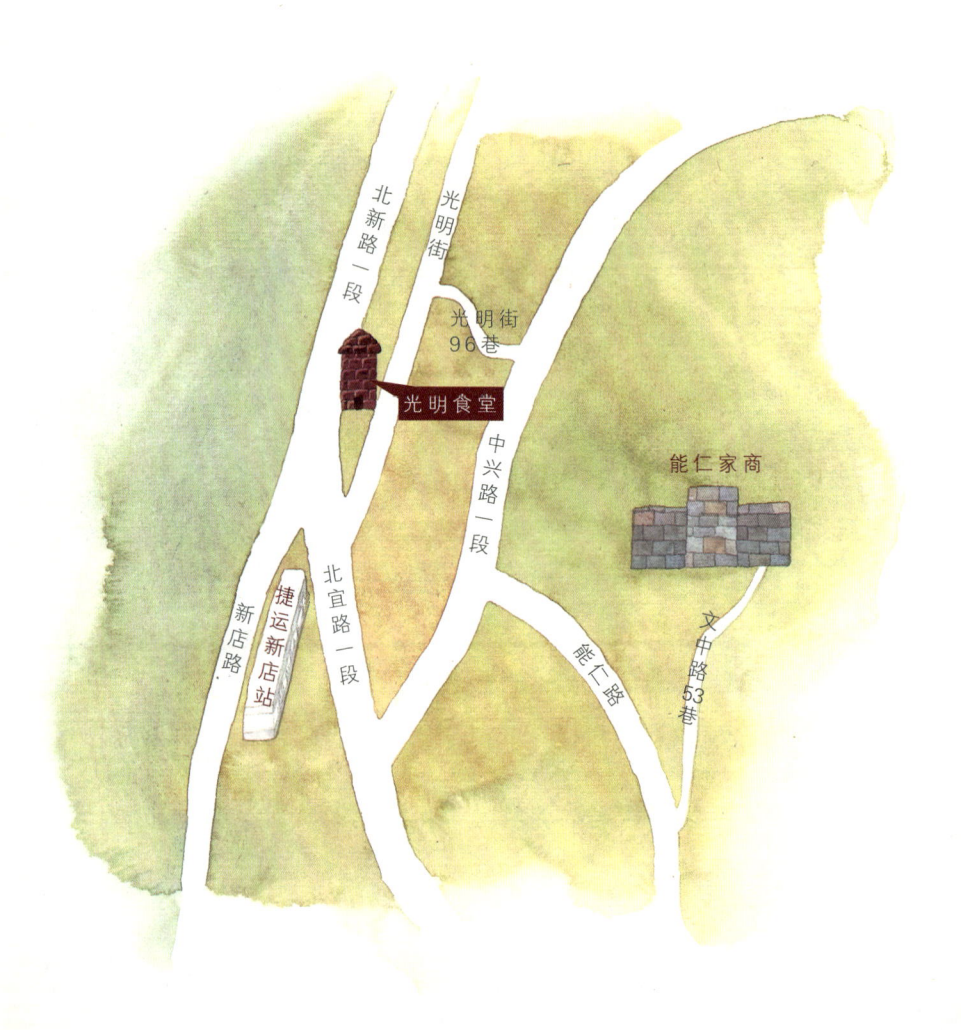

北新路一段
光明街
光明街96巷
光明食堂
中兴路一段
能仁家商
新店路
捷运新店站
北宜路一段
能仁路
文中路53巷

/060

光明食堂
——穿过时光隧道的传统古早味

新北市新店市光明街43号
02-2911-7690
早上11点至晚上7点
每周日公休

走进光明食堂,仿佛跌进时光隧道——老旧的木头板凳、布满年轮和刮痕的木桌、摆满小菜的古老槐木橱柜……这几十年来,人事物高速变化,小食堂却埋首拒绝理会周遭变迁,最辉煌灿烂的时期,时间被凝止在这地区。那时候,附近的矿工们最爱到此小酌一番,当地的居民则视它为喜庆外烩的好地方,年轻男女在"国宾戏院"看完电影,就到这里来打牙祭,从白天到晚上都相当热闹。

招牌菜

古早味炊饭

在这里你可以吃到外面已经没人在做的古早味炊饭：以蒸笼加棉布的古法蒸炊方式，让热力均匀渗透。米饭经过蒸气浴洗礼，营养完整保留，香气迫人、软硬适中。一般小吃店常见的卤肉饭，在光明食堂可以吃到百年老卤的精华，同时有精挑的五花肉以刀工细切成丝，一瓢卤肉淋在蒸气扑鼻的炊饭上面，以筷子略拌开来之后一口吃下，真的是人间美味。

驶过历史铁道的传统小吃

台湾光复以后，铁路运输发达，当时有一条"万新铁路"连接万华和新店。这一条万新铁路，在当时是非常重要的交通运输路线。在货运上，它负责运送在新北市开发的木材、煤矿、茶叶等物资到台北市；在客运上，当时台北人流行到新店碧潭游玩，而万新火车则是唯一能到达目的地的大众交通工具。

现代文明跟交通网络总是紧紧相扣，万新铁路这条交通线的火车在新店的终点站位于光明街，车站周遭总是聚集了各式各样的商贩，商机蓬勃，人潮熙攘，是相当有名的观光街。当时新店最豪华的电影院"国宾戏院"也在此，许许多多的人流连忘返，留下形形色色的足迹和回忆。

当年在火车站旁的光明食堂，便见证了这一段繁华的岁月。看完电影的男男女女，或者下班后疲惫的工人们，总会踏进这个充满台湾在地小吃风味的小店，向老板要几道小菜来满足口腹。

光明街的风光并没有持续至今，这条街随着铁路的建设兴起，也跟着铁路的停运没落。在1965年时，万新铁路因公路开发导致使用率锐减而遭废止，车站不再日日吞吐大量的人潮，尔后光明街的繁华闪亮便像海水退潮般悄然远去，露出铅华洗尽后的平淡与寂寥。

不过，光明食堂却像深埋在岸滩上的礁石，虽然每天经历着时间洪水的洗刷，却没有被冲走，屹立原地至今已超过六十载，是新店昔日以铁路为主要运输工具的珍贵时代见证。记录新店二百余年重要历史的《新店市志》亦介绍了光明食堂，可见其在当地历史举足轻重的地位。

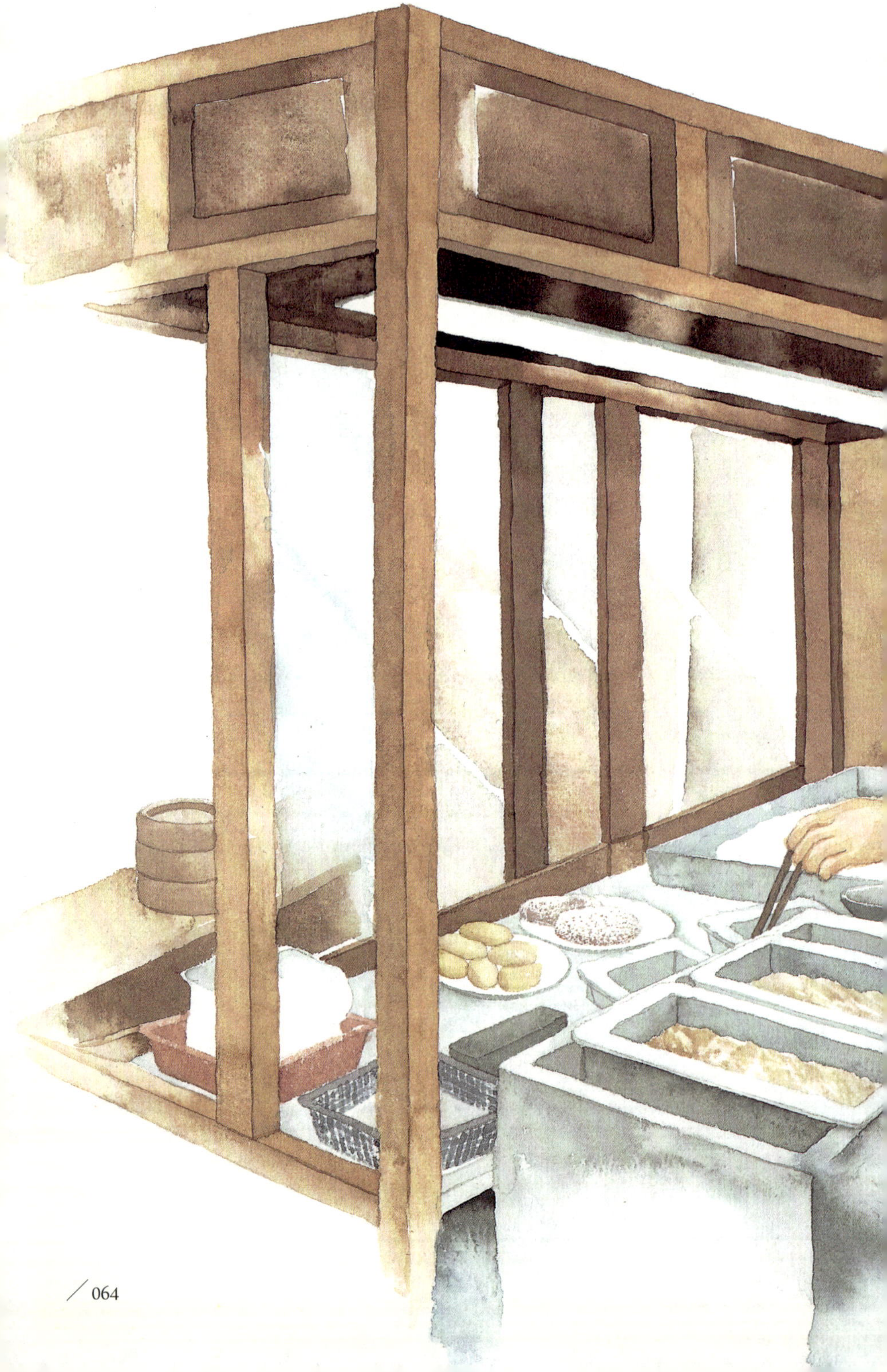

无可取代的传统古早味

"民以食为天,食以质为本。"光明食堂难得的地方,是坚持呈现每一种食材最质纯的原味,不混杂太多东西,以免背离食物的本质。不过要做出朴实洗练的味道,看似简单,实则需要多年的专注与经验才能做到去芜存菁。

古老桧木制的菜储。像这样的大型木制家具,于今日几乎已经不复见,在"光明"里却能看见这种量身订做的菜储,和一套套充满历史痕迹的桧木桌椅。

在菜储里摆放的小菜,虽看来与一般的家常小菜无异,却是道道美味。

韭菜炒豆干

这道家常菜,通常是因家里前一晚剩了豆干,而妈妈不想浪费,去市场买五元的韭菜,爆火炒过就可以了。但光明食堂特选传统老豆干,外层有咬劲,里层却异常的软嫩浓郁,加上韭菜又是当天市场的新鲜货色,用一点盐炒过,更添香气,韭菜与老豆干交相辉映,是一道非常下饭的菜。

油鸡

这白斩油鸡选用体型中小型的土鸡,放在案头上显得非常诱人。一点点的油光漾在白里透黄的鸡身上,带着米酒的香气,外皮一咬下去,爽脆的口感之外,更有着丰厚的胶质,Q里带甜,肉质多汁且有嚼劲,沾上一点姜丝与酱油膏,真是美味。

阿鸿笔记

象征着古早年代的菜储

一踏进光明食堂,眼光便不由自主地落在门口的木制菜储上。像这样的菜储,在今日的台湾几乎已不可见。

在古早的年代,农民省吃俭用,并没有电冰箱可以使用。那些餐餐吃剩的饭菜以及怕蚊虫咬伤的食物,便收在菜储里。因此"菜储"顾名思义即为储放饭菜的地方。

所谓的菜储其实就是一个柜子,它的外观就像书柜或衣橱,有的木制、有的竹制,均由师傅手工制作。通常有钱人家多用木制,还能挑选可防蚊虫的高级木头,并请有名的师傅打造。在古早时期,走入一户人家的厨房中,端看菜储的材质以及手工的粗细,便能略知其经济地位。

虽说菜储是一种柜子,然而毕竟是存放饭菜与食物的地方,因此仍须讲究功能上的设计。比如在接缝的部分,师傅会巧妙地留下可供通风的细缝,以免食物久闷之后产生异味或腐坏。另也会在小拉门上糊上纱网,但这样的做法并不多见。

光明食堂的菜储因供作营业用,有一片开放式的工作台,上头布满长年使用的痕迹,充满了历史和乡土结合的气味。

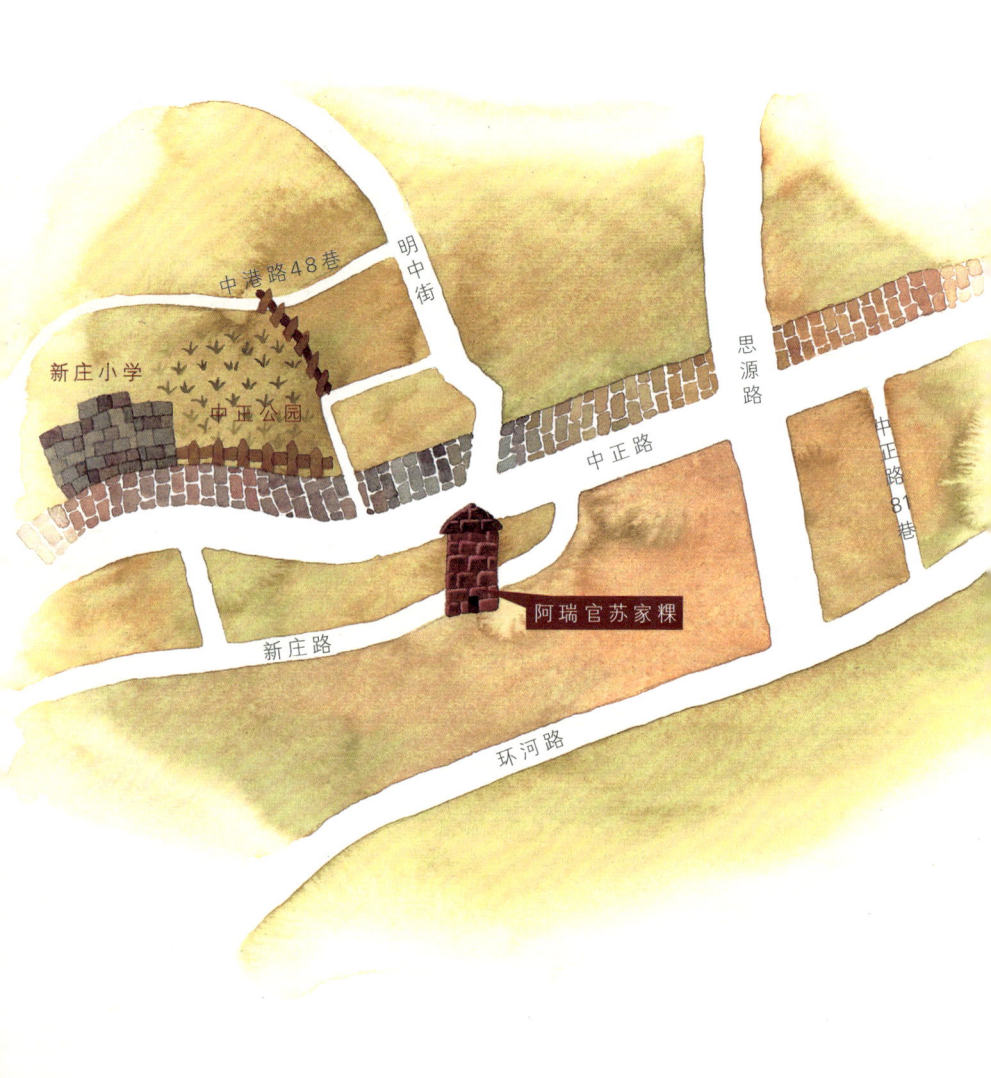

新庄小学　中港路48巷　明中街　中正公园　思源路　中正路　中正路81巷　新庄路　阿瑞官苏家粿　环河路

阿瑞官苏家粿
——天下糕粿都难不倒的「米食达人」

新北市新庄市新庄路49号
02-2992-8796
上午8点至下午6点
每周日下午公休

台湾传统社会向来以米食为主，常利用蒸、煮或加入不同食料等加工方式，改变米食形态，发展出五花八门的米糕点。位于新庄老街上的百年老字号"苏家粿"，老板一家绝对是"米食糕粿达人"，凡是以米为素材的传统糕粿，只要你叫得出名字，他们绝对做得出来。

招牌菜

芋粿

　　"阿瑞官"号称"米食达人",只要是米食糕粿都难不倒他们,举凡芋粿、红龟粿、碗粿、发糕等等都能在"阿瑞官"买到,其中的招牌商品就是芋粿。

　　一般的芋粿多把芋头碎块掺混在粿身里,在滋味上较为平淡。"阿瑞官"的芋粿截然不同,以包粿的制作方式,将蒸熟的芋头碎块与瘦肉、虾米、油葱等,作为馅料包进粿里。蒸好的芋粿,剥开粿皮,扑鼻而来的芋头香气外还多透出一份浓郁的肉香,叫人忍不住一口接一口地吃。

低调朴实却红透半片天

日本殖民统治时期,新庄街上有一首歌谣:"阿瑞官住唐山,唐山没景致,搬来新庄竹子市,街头街尾喊粿粿。"歌词里头的"阿瑞官",指的正是"苏家粿"的创始人谢氏瑞。一开始,"阿瑞官糕粿"是以一台在新庄老街上叫卖的手推车的方式经营,一直到三十多年前由第五代苏文明先生接手,才把手推车收起,改为在店头卖粿。然而"苏家粿"虽名气响亮,但隐身在一排古老的房屋中,若不是熟识门路的话,还真是遍寻不着。直至近年才翻新店头,并且有了醒目的招牌。

"阿瑞官"制作的糕粿可说是与民间文化结合,糕粿中的年粿和包粿都有祈福的意义。在粿面上用"粿印"印上桃形、龟甲形或是古钱形等等图样,象征长寿百岁、子孙繁荣。因此糕粿曾是在过年过节时准备的食品,传统庙会祭典上更是不可或缺。

虽然从事的是与道教信仰有关的糕粿食品业,但苏家从创业的第一代起,就是信奉基督教的家庭,因此,在推广上并不特别注重配合祭典节庆,而是全靠真功夫,仰赖大家口耳相传。从手推车到电话订购,直到现在有了招牌和店头,"阿瑞官"一直低调行事,不特别宣传也不刻意装潢店面,但靠着口碑,"阿瑞官"至今仍是当红的美食小吃招牌,四处涌入的订单让"阿瑞官"的蒸粿工房天天忙碌不已。

店头虽然翻新,但制粿的工房与纯手工的制法从未改变。直到现在,还能看见第三代、第四代传人,和大伙儿一起在充满水气的古老房屋里,亲手一个粿接着一个粿捏制,为传承传统技艺命脉,一点一滴付出自己。

原本像是世外桃花源一样难找的"阿瑞官苏家粿",现在有了醒目的招牌,让循道拜访的客人少走一些冤枉路。

蓬莱米制粿,古器具炊粿

糕粿要做得好吃,除了技术比如对时间的控制,绝窍就在用料与选材上的讲究。苏家从不斤斤计较,坚持使用最精挑细选的食材。其中最特别的是制作粿类最重要的原料——米,他们挑选软黏适中的蓬莱米,舍弃一般人用的糯米与在来米。根据百年家传经验,前者太黏,后者又太干太硬,用蓬莱米做出来的皮,才够Q够松软,也不黏牙。

炊蒸糕粿的器具选择,也是十分重要的环节。现代的店家在炊蒸时,一般采用带釉的瓷碗,但釉料的含铅量若过高,会影响食物的味道,甚至对人体有害。在"阿瑞官"的蒸笼里,使用的是苏家的祖传餐具——黑陶碗。从功用上说,黑陶的表层无釉,不含任何化学物质,较为健康;从工艺上说,黑陶代表了陶艺发展的一个高水平,在陶器与人类文明发展史均具有重要的地位和价值。在现今,黑陶制品多用作收藏,由于它易碎的特性,黑陶已经不见于一般生活使用的容器,因此在"阿瑞官"能看见祖传的黑陶碗,不仅能看见历史文化的痕迹,更可以看见苏家珍惜这一门家业的心意。

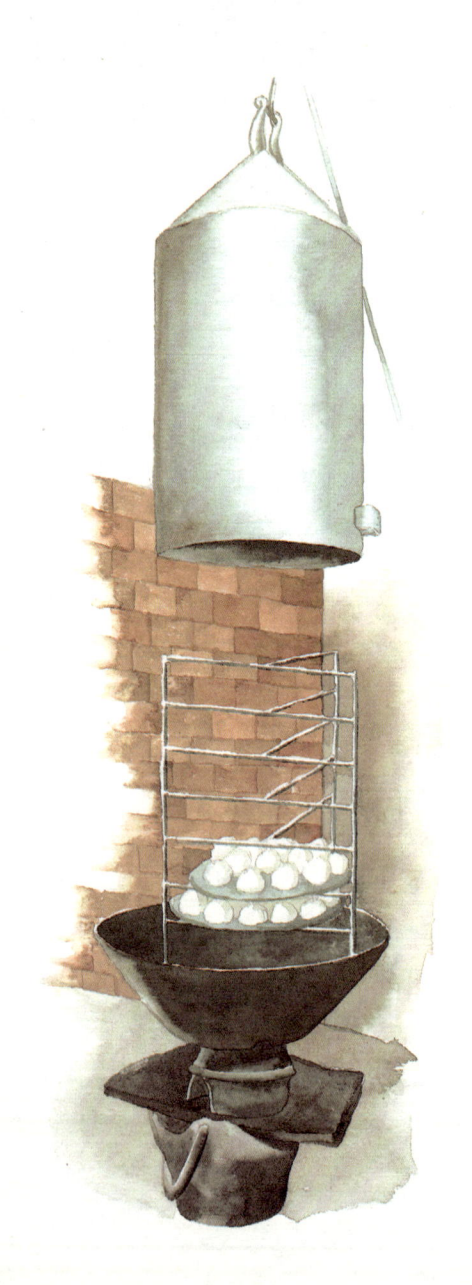

炊粿的蒸笼：圆桶状的盖子由上方的滚轮控制升降，在架子上摆好糕粿之后，便把这圆桶状的盖子降下来，并在传统的炉灶里升火炊粿。这种传统的蒸笼已经不可多见，而在苏家已经传过三代了。

阿鸿笔记

"米食达人"的贴心吃粿小妙招

苏老板说，糕粿的吃法有很多种。芋粿、红龟粿、草仔粿等等，买回家之后，除了直接吃下肚，也可以煎过再吃，外酥内Q的口感十分开胃。也可拿来煮汤，混着汤汁一起咀嚼入喉更是美味。另外，老板也提醒顾客，由于"阿瑞官"的糕粿不含防腐剂，所以一定要冷藏保存。而像这种纯手工的米食制品，冰过之后都会变硬，不过别担心，用电饭锅蒸过就"回春"，和刚买时一样好吃。

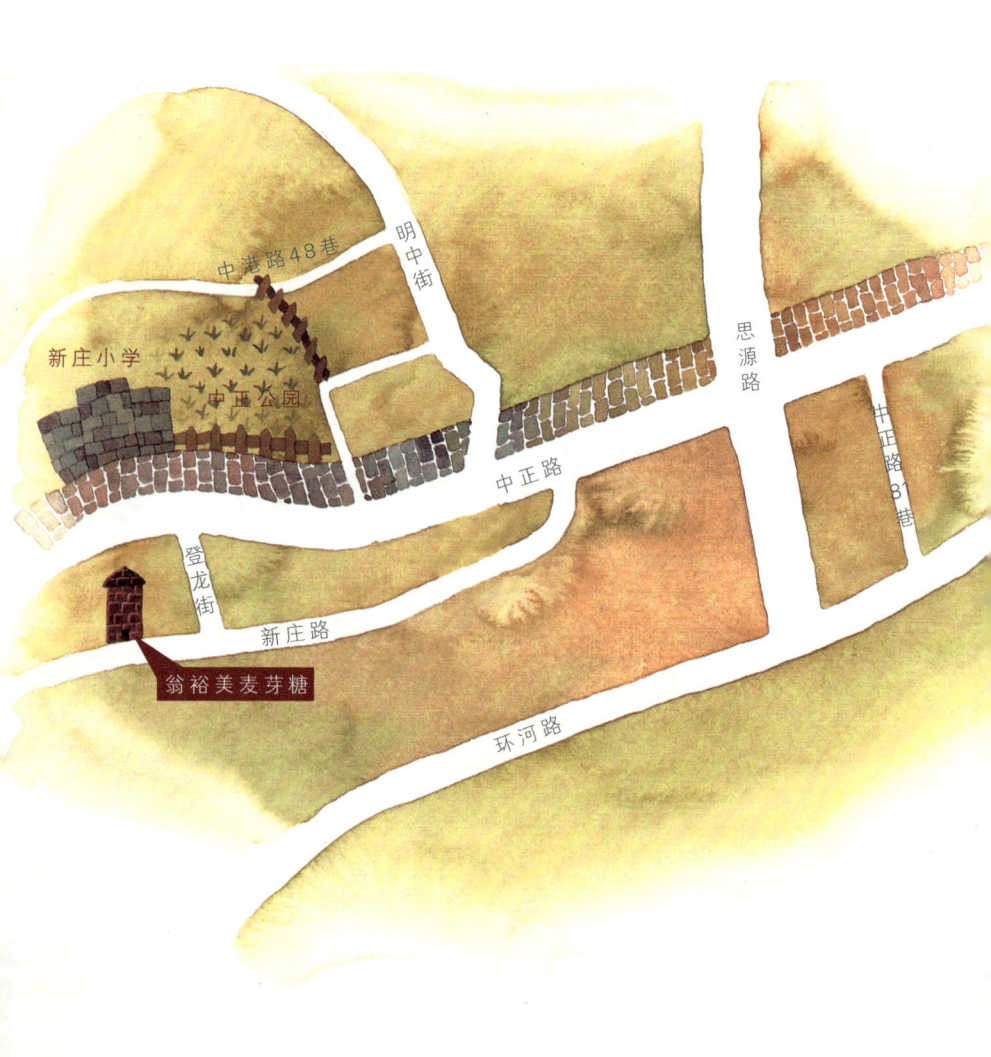

中港路48巷
明中街
新庄小学
中正公园
思源路
中正路8巷
中正路
登龙街
新庄路
翁裕美麦芽糖
环河路

翁裕美麦芽糖
——回到儿时天堂的健康零嘴

新北市新庄市新庄路128号
02-2992-3886
早上8点至下午5点
每周六、日公休

"摘下麦芽糖熟透，我醒来还笑着。开心地被黏手，我满嘴都是糖果。我在草地上喝着麦芽糖酿的酒，鲜嫩的小时候，我好想再咬一口！"这是周杰伦的一首流行歌曲，歌词中的甜蜜滋味，相信是你我小时候的共同回忆。麦芽糖的"有点甜又不会太甜"、它的金黄光泽、特有的黏性与软滑感，对以前没有糖果零嘴可吃的小孩来说，当麦芽糖在口中溶化的瞬间，他们仿佛已经尝到了天堂的滋味。

招牌菜

古法制作的纯正麦芽糖

只有由古法制作的纯正麦芽糖，才能闪烁着琥珀般的色泽，这是一般用树薯粉制作的麦芽糖完全不能比的。而且只有这种纯正的麦芽糖才具有止咳的效果，"京都念慈庵"就是向"翁裕美"进货来制作枇杷膏呢。

健康的甜蜜零嘴

以前五金杂货都可以拿来换麦芽糖，我小时候总会拿家里的空玻璃瓶到街上去跟卖麦芽糖的换糖。只见卖麦芽糖的人挑着扁担，在街头巷尾逐家逐户叫卖，每次一听到铁片敲碗的声音，就知道卖麦芽糖的来了。爸爸妈妈们也不会阻止小朋友去买，因为大人们都知道麦芽糖是健康的零嘴，小孩吃了会开脾胃，爱吃米饭。

这种甜蜜零嘴，在1951年以前，几乎全由新庄生产，新庄地区曾是北台湾地区重要的稻米产区，等到种稻的季节过去了就种麦，而麦子正是麦芽糖的主要原料。那时的新庄，街上就有超过十家麦芽糖厂，为台湾最重要的麦芽糖生产地。除了供应居民当作甜点小吃，麦芽糖也是食品加工业重要的原料来源。

随着时代推移，新庄的麦芽糖工业渐次式微，尤其在机械工业发达的今天，以古法制作麦芽糖的人工成本太高，甜蜜零嘴的独特地位也渐渐地被日新月异的的甜点取代，新庄地区许多麦芽糖工厂或倒闭，或移至中南部以降低成本，现今北部仅存的唯一一家传统麦芽糖制造商，就是"翁裕美商行"。

清光绪二十六年（公元1900年），翁成厚先生创立"翁裕美商行"，历经三代，传承到孙子手上，现任董事长为翁俊治先生。"翁裕美商行"现在的业务依然以麦芽糖为主，另外也贩卖糯米粉、蓬莱粉、绿豆粉、生豆粉、凸米、米干、水饴等食品材料，同时也推进网络营销，上线推广，并且由"羿方食品行"负责销售，希望能让天然美味又健康的传统麦芽糖再走百年。

：翁裕美商行：座落于新庄广福宫与土地公庙旁。从外头经过的时候看它，它就像是个出货的仓库，隐身在一般的住家公寓里，非常不起眼。站在店门外，隐约能听见里头机器不断运转的声音。

第一次来访的客人或许以为这儿是只接受大订单的工厂仓库，但走进如同住家客厅般的一楼店门内，您绝对可以放心地开口零买，一罐两斤的纯正麦芽糖，台币两百元有找零。

简单食材，多变吃法

百年以来，"翁裕美商行"遵从古法培养麦芽制作麦芽糖。现存的麦芽糖基本上有两种，一种被称为白色麦芽糖，采用进口的树薯粉，以热水搅拌之后再外加麦芽粉进行糖化；另一种即为传统麦芽糖，过程较为耗时耗力，相较起来成本提高了五倍以上。

制作这种传统纯正的麦芽糖，要先将种子置于恒温的室内，经过一星期左右的发芽程序，让它成为"麦芽"，接着将麦芽绞碎、过滤，留下麦芽的汁液；另外将糯米蒸熟，再与麦芽汁混和发酵，持续加热约四小时，最后经过一道"压缩"的工序，麦芽糖就做好了。

搅拌混和糯米和麦芽汁的过程需要大量的人力，工人要在大灶下，以煤炭控制火候，并且持续地在大鼎中搅拌，一刻不得松懈。

在以前的农业社会中，麦芽糖厂里有大量人力支持，在糖厂里的工人，大家一同协心付出劳力，把吃苦当吃补，渐渐培养出深厚的感情，宛如组成了另一个家庭，这对大家来说都是一段难忘的时光。随着时代的进步，原本可能到糖厂工作的人口也开始向外转移，翁裕美商行后来启用机器来执行部分的劳力工作，这是和古法唯一的不同之处。

这种古法制作的纯正麦芽糖，在中医上具有多种疗效，有养颜、补中益气、通便秘、滋润内脏、开胃除烦之效。另外最著名的功用是能治疗咳嗽，因此麦芽糖亦被药厂用作感冒糖浆原料，连"京都念慈庵枇杷膏"也是"翁裕美商行"的客户之一。

除了批发给医院,另外也有很多餐厅和糕饼店来下单,他们采用这边的麦芽糖来烤鸭、制作酱油,或者用在饼干、糕饼上,不仅滋味出众,也能顾及健康。

阿鸿笔记

纯正天然麦芽糖的治咳古方

在中医上,咳嗽分两种,一为咳有痰,是为冷咳;一为咳无痰,是为热咳。麦芽糖对这两种咳嗽同样有治疗效果,在做法上调整即可。

针对咳有痰的冷咳,可取七分满杯的水,置入少许麦芽糖,蒸煮十分钟后,打鸡蛋入杯,搅匀之后饮用。针对咳无痰的热咳,可先取白萝卜切丝,混和少许麦芽糖之后,蒸煮十分钟再饮用,若还有失声的问题,则可取白萝卜切片,放入大碗内,覆上麦芽糖,十分钟后饮用出水汤汁。

若身体虚弱要补血时,可将土鸡的内脏去除,放入麦芽糖炖煮两小时之后食用。

由于麦芽糖有多种中医的温和疗效,说来应作为居家必备的食品呢。

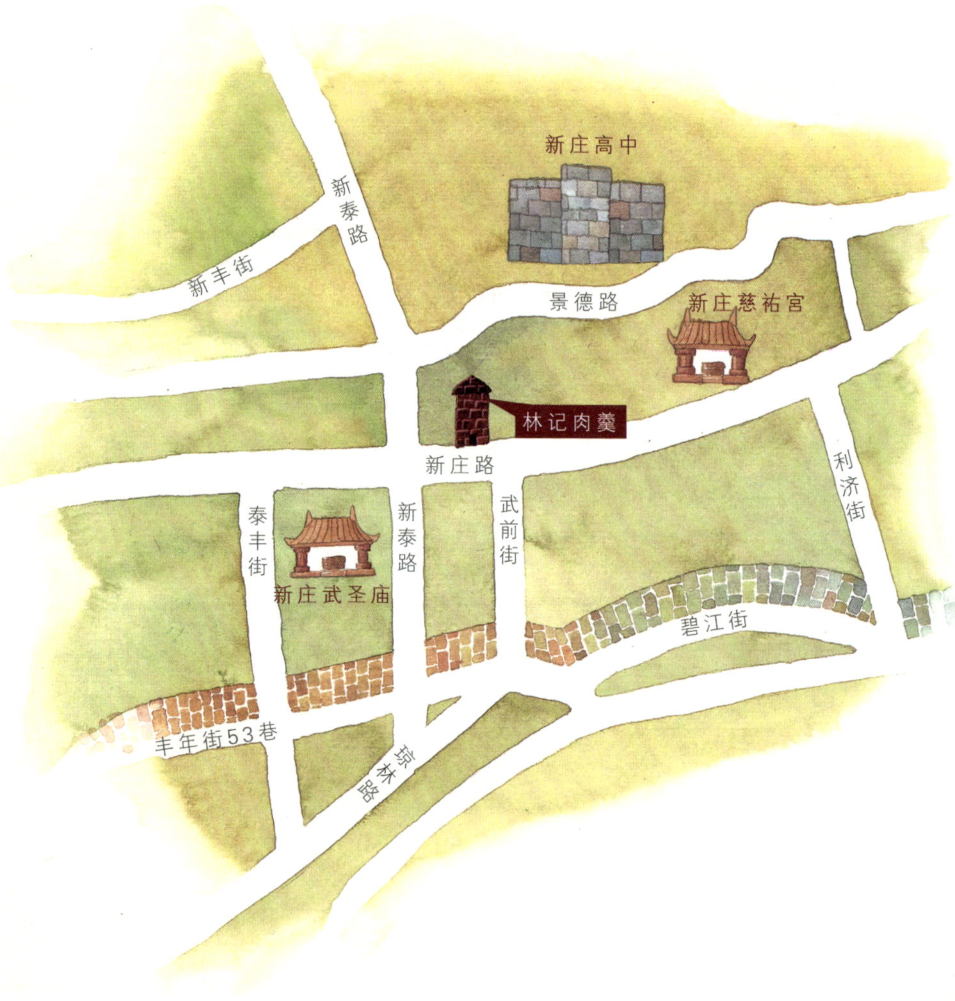
新庄高中
新泰路
新丰街
景德路
新庄慈祐宫
林记肉羹
新庄路
利济街
泰丰街
新泰路
武前街
新庄武圣庙
碧江街
丰年街53巷
琼林路

林记肉羹
——把关帝爷当靠山的专业肉羹店

新北市新庄市新庄路344号（武圣庙旁）
02-2276-3647
早上10点至午夜1点
每月第二、第四个周一公休

　　座落在新庄老街上的武圣庙是北台湾最早的关帝庙，建立于清乾隆二十五年，至今已拥有二百多年历史，被列为三级古迹。

　　在袅袅缭绕的香火和剑眉星目的关公旁边，有一家小小的店面，卖着再平凡不过的肉羹小吃，虽然比不上关帝庙有那么悠久的历史，但"林记肉羹"在"新庄街仔"上居然也屹立了五十多个年头，除了有关公保佑外，料好实在才是吸引食客一再光顾的主因。

招牌菜

香菇肉羹汤

　　第一眼看到这碗肉羹，心里不禁会有点怀疑，这么透明的汤色，简单的肉羹跟香菜，只有几滴的黑醋点缀，实在难以相信这就是赫赫有名的林记肉羹，不过在品尝第一口之后，一切疑虑便烟消云散。羹汤的滋味清爽留香，将乌醋拌开之后，层次就更鲜明，微酸的口感让胃口大开，再夹起肉羹放入嘴里，肉香十足。整碗吃来滋味朴实但充满深度，吃着吃着，不知不觉便碗底朝天，这才惊觉这肉羹着实不简单。

店里的主要产品，说来只有肉羹。简单的选择，来自专精于肉羹的骄傲。

了解猪肉的肉羹行家

"林记肉羹"虽然只卖简单的几种肉羹汤面,但一直是当地居民的最爱。在新庄老街上,要是问别人推荐哪儿吃肉羹,几乎都口径一致地推崇"林记肉羹"。

店家在制作肉羹的过程中,绝不使用冷冻猪肉,每天必定采用新鲜而油脂较少的黑猪后腿肉制作肉羹。因为鲜嫩,加上没有硼砂等添加物,肉质的口感自然扎实有嚼劲,这正是真材实料的良心制作。另外,跟一般肉羹店勾芡的浓稠汤底不同,林记采用清淡精致的汤头,只以黑醋调味,汤汁清可见底。唯有用最新鲜的食材,才不需要味道浓重的汤底搭配,就能信心满满地让大家吃出质纯的原味。

没有在菜单上,但却是十分热门的干面。烫好的油面淋上甜辣酱,一碗干面配上一碗香菇肉羹汤,绝对的满足。

阿鸿笔记

最懂猪肉的肉羹行家

"林记"的肉羹，比一般的肉羹更能吃到猪肉的新鲜。第一次吃的时候，一入口比预期的清淡，再细嚼几口，才在味蕾上发现没有一般常吃到的味精、白胡椒等等调味料，以及鱼浆的僵硬口感，取而代之的是猪肉的鲜甜与扎实。和老板聊过之后才知道，原来林记最早是卖肉猪的摊贩，正因为本身从事猪肉贩卖，所以比谁都了解猪肉，比谁都能深深体会到：只有用新鲜的好猪肉，才能做出独一无二的好肉羹。庖丁解牛因对牛了解，看到了牛的本质，方能做到游刃有余，"林记肉羹"的成功也是同样的道理。

新庄高中

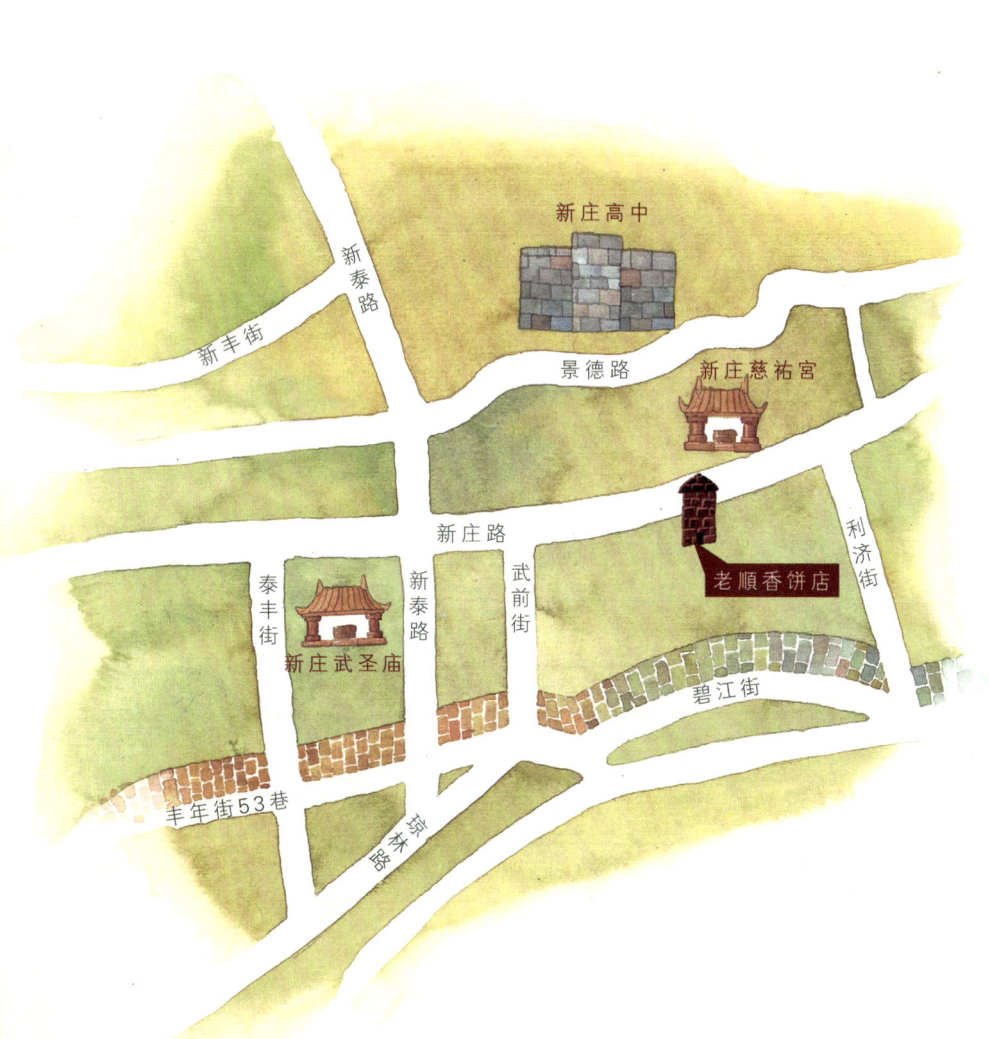

新丰街
新泰路
景德路
新庄慈祐宫
老顺香饼店
利济街
泰丰街
新泰路
新庄路
新庄武圣庙
武前街
碧江街
丰年街53巷
琼泰路

老顺香饼店
——神明也爱吃的百年糕饼

新北市新庄市新庄路341号
02-2992-1639
早上9点到晚上11点半
无公休日（农历过年休初二）

新庄地区原是糕饼重镇，然而随着周边都市的发展，经济结构的改变，新庄的糕饼业慢慢没落，但老顺香饼店，秉承"东西实在、价格公道、口味不变"的原则，成为硕果仅存的百年糕饼店。祭拜神明用的"咸光饼"是老顺香饼店的名产，每逢庙街有活动，大街小巷几乎人手一个咸光饼。

招牌菜

咸光饼

咸光饼——老顺香饼店的名产。老顺香饼店制作咸光饼已经有数十年的历史,每年农历五月初一的大众爷出巡,必须用掉上万台斤的面粉,整个店里堆得满满的都是咸光饼,王老板笑说做到连自己都会怕呢!

站在远处望老顺香饼店,它像是不起眼的台式面包店,但走近一瞧,便能发现各式古早糕饼,再走入店内,更能看见工艺惊人的古早模具。

糕饼重镇里硕果仅存的老店

老顺香饼店创立于清光绪年间，当时的创始人从福建把家乡风味带到台湾，于新庄广福宫旁的巷子内创店，这一做就沿续下来。之后店面迁到现址，一做又是七十多年。算来老顺香饼店已有百余年的历史，传到现任王老板已经是第四代。

曾经被称为糕饼重镇的新庄地区，随着台湾经济的起飞、产业结构的改变，糕饼店一家一家关门，但老顺香饼店依旧屹立不摇，靠着子孙的执着传承着最传统的口味。

王老板每天都在店中招呼客人试吃咸光饼和其他新庄糕饼，新庄许多人都是吃老顺香饼店的饼长大的。原本"老顺香"只做咸光饼和其他中式糕饼，但在上世纪五十年代开始生产面包，因应人们口味的改变。王老板感慨地表示，台湾经济带来很多改变，路虽然越来越宽，但在新庄的人数却越来越少，珍惜传统文化的意识也越来越薄弱。新庄的传统文化非常丰富，许多人都在默默地付出，默默地传承，但要让新庄的文化能向外发扬，永续发展，还需要更多人的支持。

· 店里有许多令人叹为观止的古董级糕粿模具，这个红龟粿的巨型模具便是一例。将近一米见方的模具，雕工精细，从清朝传到现在，历史悠久。

与宗教文化结合的糕饼

虽然说到产业凋零有着许多感慨，但王老板一提到自己的糕饼便活力十足。老顺香饼店除了常备的咸光饼之外，也会在不同节庆时制作各种糕饼。举凡中秋月饼、元宵汤圆、喜饼寿桃等等一应俱全。

"老顺香"每逢佳节便会接到大量的订单，各个报章杂志也都来请教好月饼、好汤圆、好糕点的古早秘诀。王老板睁着炯炯有神的双眼说："'老顺香'的糕饼包装朴实、卖相普通，但只要吃一口，便知道滋味绝对不同凡响。"

老顺香饼店制作的多项糕饼与人民的宗教信仰密不可分。其中最闻名遐迩的，便是新庄大拜拜中动辄上万斤的咸光饼。每到农历五月初一之前，老顺香饼店便要用掉上万斤面粉，通宵赶工，制作出来的饼可以堆满整间店。

这个外貌似甜甜圈、吃来甜中带咸的咸光饼，说来有着久远的演变历史。现今咸光饼应和求平安等意，所以又叫"平安饼"。大师"开光"之后，在饼上印上"文武大众老爷"的符印，民众吃下肚便能保平安。

因此这个又名"平安饼"的咸光饼，不但是每年大拜拜时新庄人必吃的点心，也成了新庄的名产。据说在SARS期间，新庄这边也特请神明绕境，分送咸光饼保平安。

除了咸光饼之外，其他还有许多与信仰文化相关的糕饼。人们为了各种理由，买糕饼相送或祭拜神明，求一个心愿、一点福气，因此"老顺香"在生产这些糕饼的同时，也寄托着浓厚的人情味。王老板坚持要把老顺香饼店传承下去，也是想帮这片土地延续珍贵的文化吧！

古董级百年糕饼模具

老顺香饼店里具有特色的糕点,除了咸光饼之外,几近失传的"龙凤塔"在这里也能找到。

龙凤塔是一种以白糖浆制成的糖塔。在必须克勤克俭的古早年代,结婚时不像现在人人可以在喜宴上发大饼,那时最风光的莫过于在喜宴上摆出龙凤塔了。慢慢地,龙凤塔变成一种喜庆的象征,庙里竞争炉主时,当选的炉主会出钱订制龙凤塔,作为谢神的礼品,能顾及面子又能沾上喜气。另外,每年开庙门、开天公门、天公生日等等的重大节庆,也会在祭品里摆上龙凤塔。

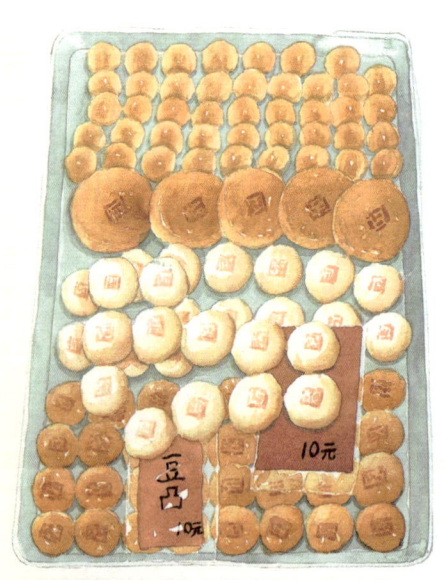

但随着人民生活的富裕,西式蛋糕的普及,龙凤塔已经渐渐失传,全台湾只剩下老顺香饼店能以古法制出龙凤塔了。

制作龙凤塔的木制模子,称为"水模",是一种雕刻精细、吻合精巧的木模,由三个一组的"龙凤",与六个一组的"塔"相组而成。此木

在店门口就能看见陈列摆放的各式糕饼。外观上充满古早风味,滋味也是机器糕饼完全不能相比的。

模需要专业的师傅挑木、雕刻,而且保存不易,平时不使用时,必须持续浸泡在糖水当中,维持相同的湿度与饱和度,否则容易裂开或者被虫蛀毁。

龙凤塔的"灌塔"也是一门高深的学问,调制糖浆、灌模,即使是老师傅来做都需要全神贯注。现在已经没有人在做龙凤塔的模子,这样充满文化特色的产物将临失传。

龙凤塔水模对糕饼店来说是很重要的资产。原本在老顺香饼店的家族里有两套,后因财产分家,王老板和他的大伯各分得一组,王老板手上的这一组是历史较悠久的,而且据他所知,应该也是台湾境内历史最悠久的龙凤塔水模。

老板说,前阵子有一位在台南的庙祝接到神明的指示,说要用龙凤塔来做生日的祭品,这位台南庙祝就跑遍了全台湾各大饼店,耗费了半年的时间,终于在老顺香饼店觅得龙凤塔,一了心愿。

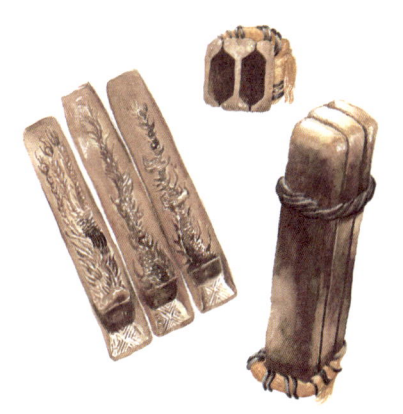

龙凤塔中的"龙凤"水模,三个一组。灌模时,用藤绳将三个木模绑紧,白糖浆便是由底部的空间灌进去的。

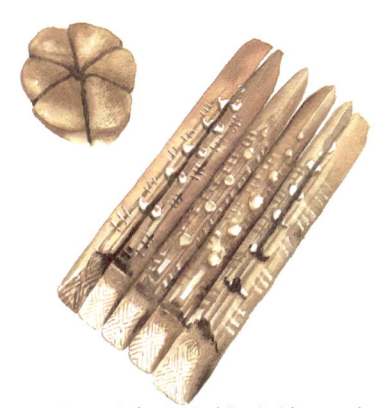

龙凤塔中的"塔"水模,六个一组。与"龙凤"水模类似,在灌模时要用藤绳绑紧,而白糖浆则是由中间狭长的空间灌进去的。

咸光饼

原料以面粉为主，佐以盐巴，撒上芝麻，揉匀成圆状，约碗口大小，中间有圆形小孔，用炭火烘烤而成。外皮光滑香酥，口感扎实有嚼劲，略带咸味与芝麻香味，放到嘴里顿生出一种简单平凡的满足感，总让人忍不住一个接着一个吃。

文昌饼

这是拜文昌帝君时用的糕饼。这个"金榜题名"的文昌饼只有"老顺香"在做，每逢大考季节便得不断赶工，好让殷殷期盼的学子父母们求得一个保佑。

阿鸿笔记

来自大将军创意的咸光饼

　　相传，咸光饼起源于古代战士的"战粮"。跋山涉水的战士们在饼中央开个小洞以绳串起，穿挂在身上，方便随时补充体力，提高了行军的效率。

　　创出这种方法的人，据说是戚继光，因此咸光饼原称"继光饼"，后因滋味咸香而渐称"咸光饼"。

　　咸光饼转变为"平安饼"的历史则发生在新庄地区。据王老板说，地藏庵"文武大众老爷"暗访及生日时，新庄这边有民众拿咸光饼去祭拜"大众爷"，祈福保平安，之后再分送给邻居，把平安吃下肚，尔后民众再拿咸光饼去还愿。从此咸光饼便带有平安的意义。

　　现在"分饼"的文化又略有演进，每年农历五月初一"大众爷"绕境出巡时，庙方会请法师帮"官将首"开光，然后将"文武大众老爷"的符印盖在饼上，新庄不少里长、阵头、庙宇都会大量采购，免费分送民众，让大家分享福气。承制的老顺香饼店往往需通宵赶制上万斤饼，才能应付庞大的需求。

新庄高中

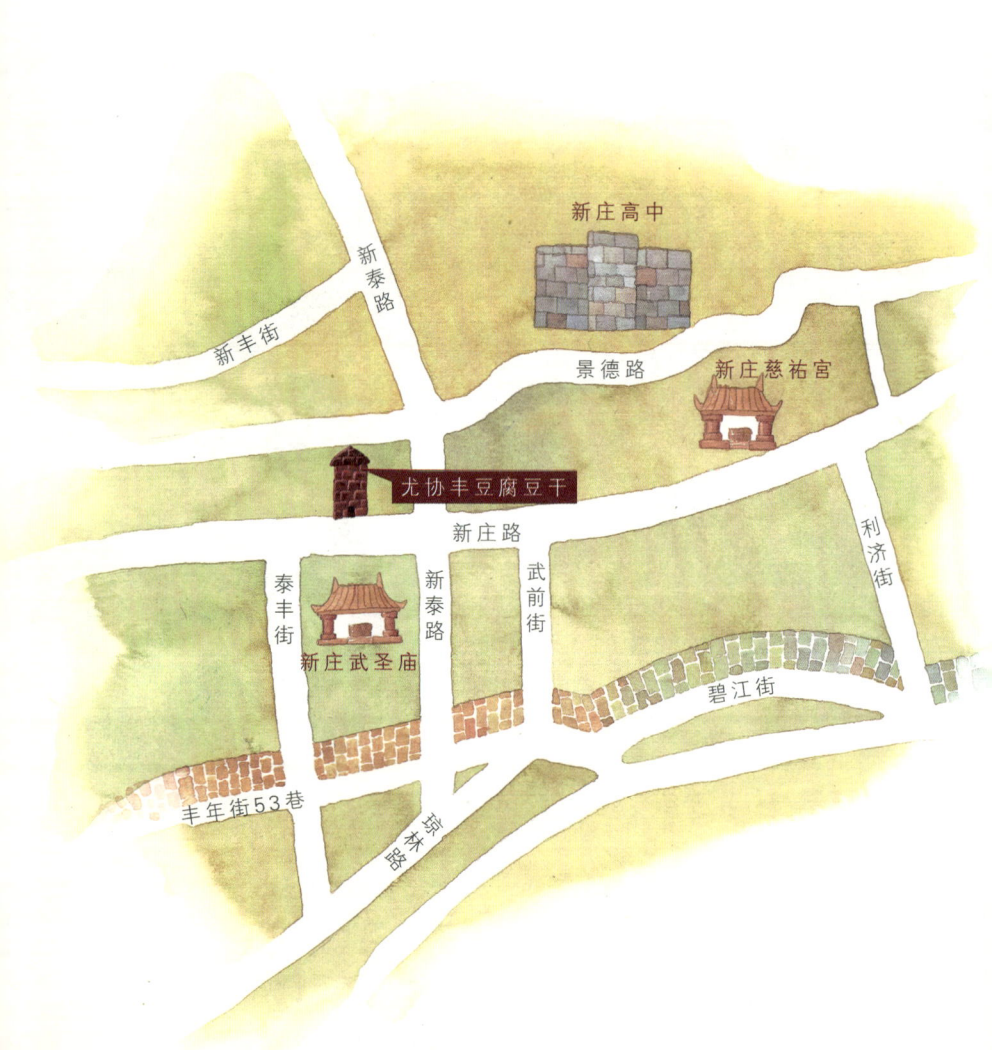

新泰路

新丰街

景德路

新庄慈祐宫

尤协丰豆腐豆干

新庄路

利济街

泰丰街

新庄武圣庙

新泰路

武前街

碧江街

丰年街53巷

尤协丰豆腐、豆干
——一家炭烤万家香

新北市新庄市新庄路416号
02-2201-4213
早上9点至下午2点，晚上8点至10点
每周日公休

尤家自清同治起即在新庄街开业，历经四代，至今仍以传统手工制作豆腐、豆干，是名副其实的百年老店。新庄人更以它为荣，将它列为"新庄三美"（字美、米筛美、豆干美）之一。店里出产的烤豆干，供应给新庄地区不少市场摊贩，也有许多当地的民众，每到傍晚闻到工厂熏烤豆干的香味，总是忍不住晃过来买几块解馋。

招牌菜

炭烤豆腐、豆干

尤家的豆腐和豆干之所以能让人百吃不腻，来自于带有炭香的独特风味。在制作过程中，以炭火烹煮豆浆，豆干也是以炭火烘烤，再加上盐卤带出来的咸味，更让人吃完之后齿颊留香，念念不忘。

豆腐街上屹立不摇的百年老店

自宋代起，豆腐便是中国人民食用最多、最大众化的烹饪食材之一。

过去新庄水运发达，是各种货物、商品的集散地，黄豆经港口进口后，便直接在老街的工厂里制作，兴盛时，沿街有超过二十家豆腐工厂，因此新庄老街曾有"豆腐街"之称。

建业难，守业更难。传统食品行业传承不易，豆腐工业没落后，现在的新庄老街上，就只剩"尤协丰豆腐工厂"一家仍然坚守着。

"尤协丰"是创始人的名字，也是现任老板的太祖。尤家自清同治起（约公元1870年）即在新庄老街开店，历经四代，至今仍以传统手工制作豆腐与烘烤豆干。

这个让豆腐成形的模子，外框是木制的，格网是金属制的，上头有长年使用留下来的细微斑驳，充满历史痕迹。据老板说，像这样的模子现在已经没有师傅在做了。

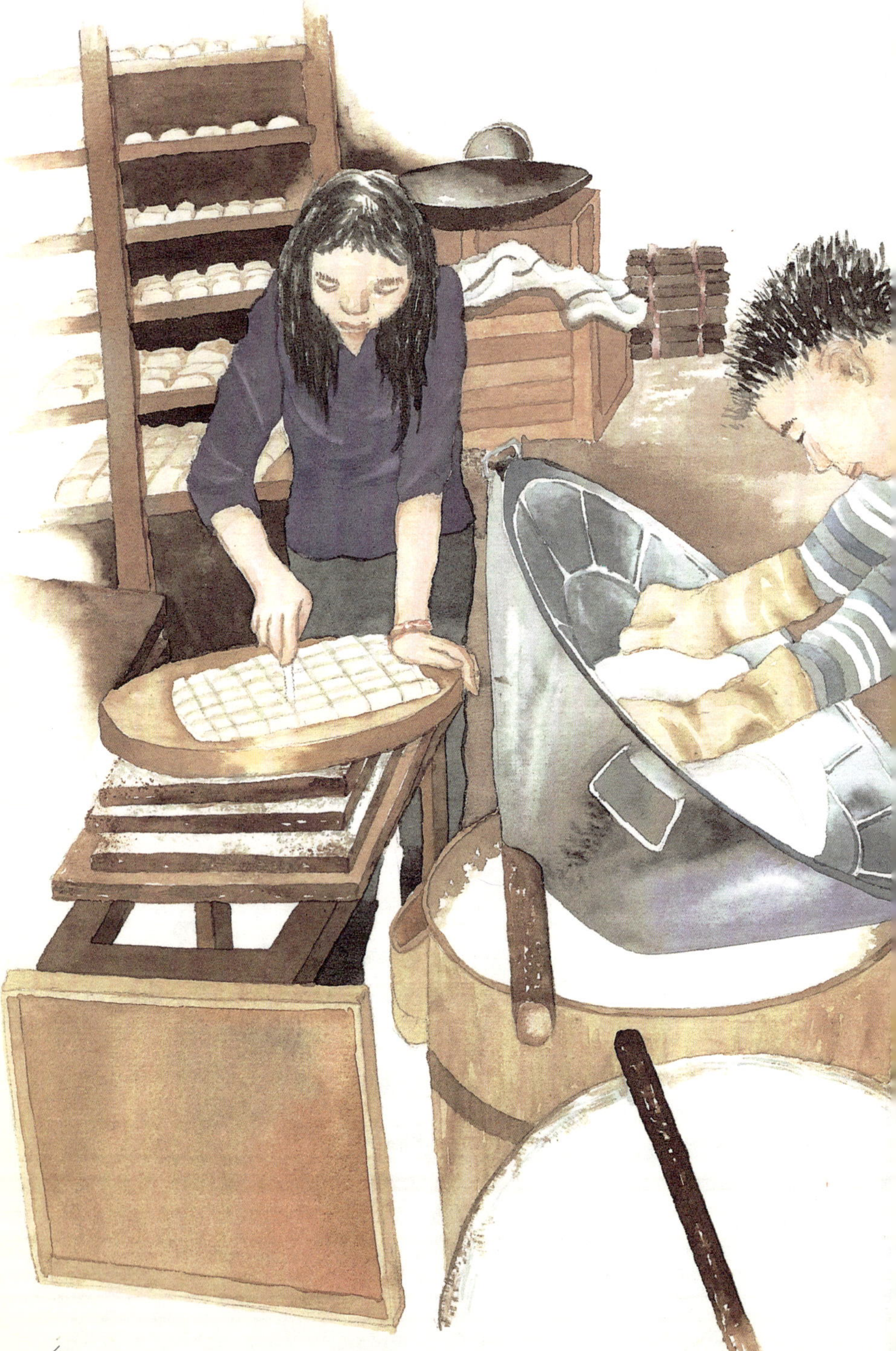

店面空间仅十几坪大，说是店面不如说是个开放式的豆腐工厂，想知道传统手工豆腐的制作过程，只需要站在路边看就成了。从黄豆一路处理到豆腐，都在这十几坪大的空间里，靠着老板的双手，这个店产出全台湾绝无仅有的手工豆腐。

绝无仅有的飘香炭烤豆干

尤家豆腐全以传统的技法制成，每一个步骤都决定了豆腐的滋味。首先要挑选精良的黄豆，去除杂质瘪豆才能浸泡，且随着季节气候的不同，经验老到的老板会调整浸泡的时间。黄豆浸泡完毕，接着是磨碎后烹煮。

尤家至今仍以传统炭火炉灶来烹煮豆汁，在烹煮的过程中，必须持续地将原了炭放入灶中，巧妙地控制火候。一边烹煮豆汁，一边慢慢加入石膏，使其凝固。尤家采用的石膏，是盐层下的"盐卤"，因此凝结出来的豆腐带有淡淡的咸味，却绝对不是"加了盐巴"那种平板的滋味，而是深藏在味觉的后段，仿佛海水那样的深沉而隐微。

最后是"压台"，也就是将凝固后的豆脑舀入模板中，用机械挤压出水分，便成形为豆腐。豆腐的软硬与弹性都看压台的功夫，尤家豆腐的弹性十分特别，介于一般豆干和白豆腐之间，适合各种料理。

做好的豆腐在烘烤过后便成豆干，以炭火烘烤是尤家的特色，火候控制全凭经验，完全没得仿造。

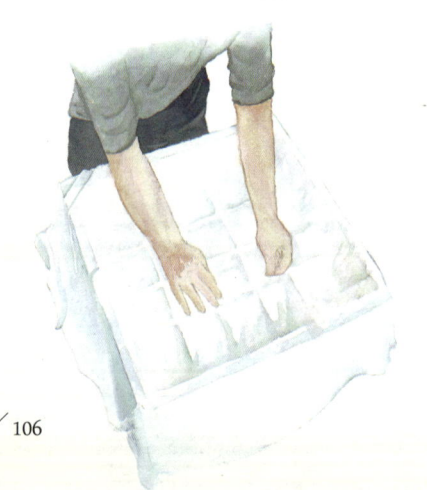

老板至今仍用传统的做法，一模一模地制作豆腐。他在模子上包上白布，待豆浆过盐卤之后便倒进来，进行下一个"压台"的工作。

阿鸿笔记

炭烤豆腐蕴含着前人的生活智慧

尤家豆腐的炭烤做法，除了会产生一种独特香味外，其实还隐含着前人的生活智慧。

一般而言，豆腐的保鲜期限只有一天，过去又没有冰箱，每天卖剩的豆腐，只好全部丢弃。但经过炭烤后，豆腐却可以保存三天不会变坏。从现代化学的观点来看，炭加上二氧化碳，再结合氧气，会产生臭氧，正可达除臭、解毒之功效。

以前尤家的邻居还发现，在制作豆腐的过程中，"压台"榨出的水分，不仅可以拿来饮用或料理，还可以拿来当厨房清洁用品。若以化学角度分析，这种豆腐水内含氧化纳，属弱碱性水，可达到体内环保的功效，多喝会延年益寿，是一种纯天然的、环保的健康食品。从前的人并无化工常识，只凭直觉经验得出个中诀窍，令人不得不佩服前人的智慧。

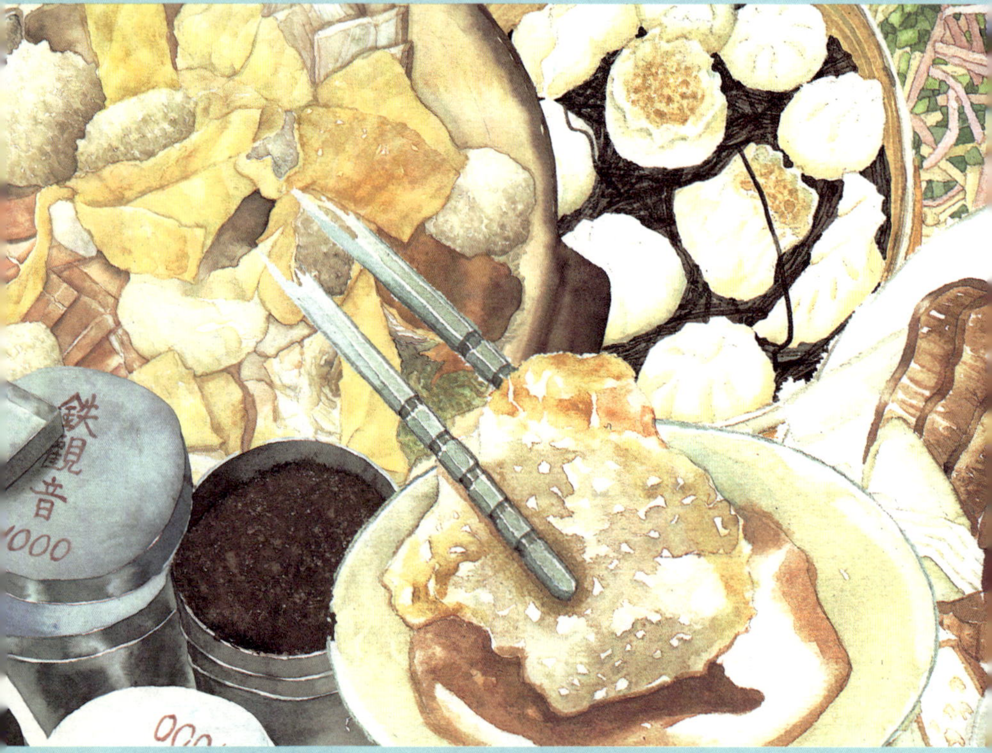
鉄観音

2
Chapter

大江南北食

库伦街

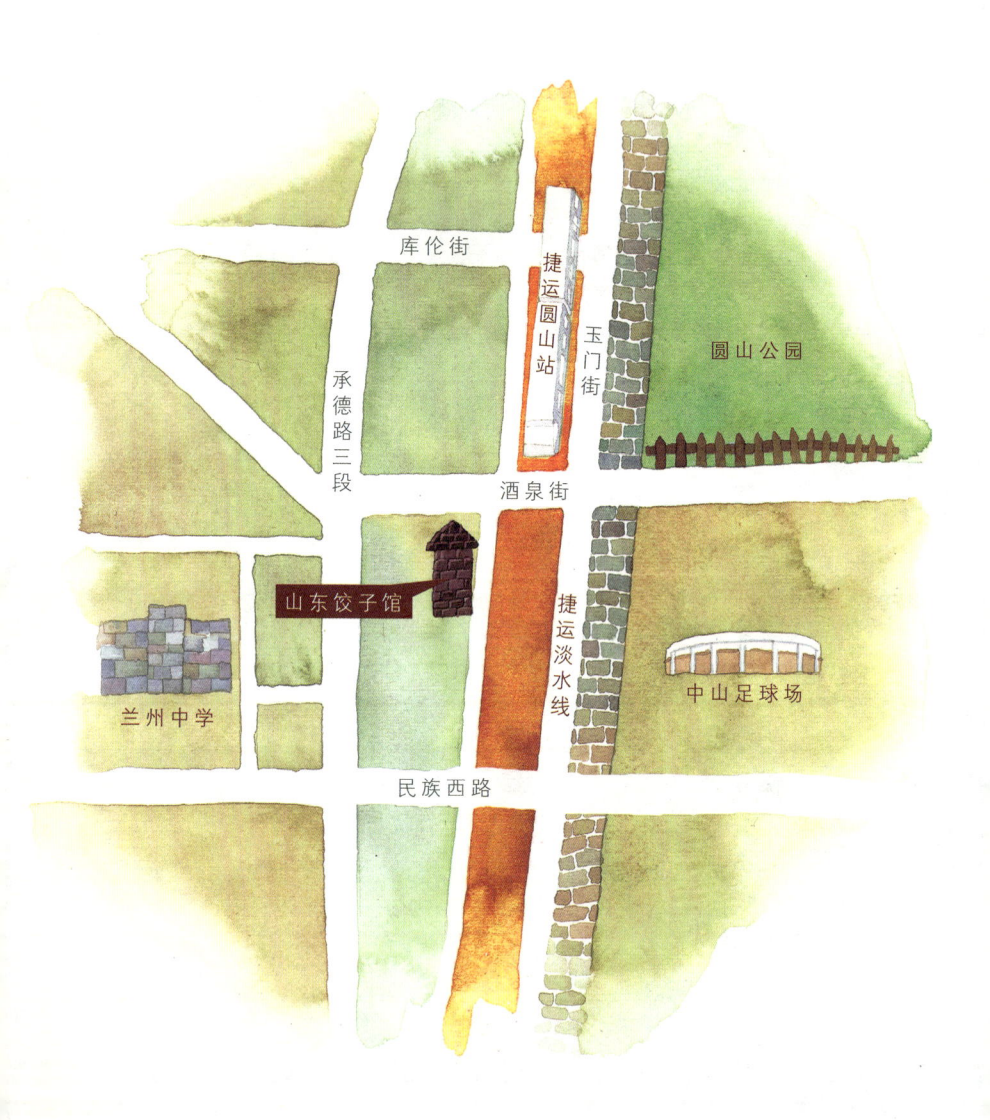

捷运圆山站

玉门街

圆山公园

承德路三段

酒泉街

山东饺子馆

捷运淡水线

兰州中学

中山足球场

民族西路

山东饺子馆
——以生命换来一只饺子的惊喜

台北市酒泉街10巷17号（捷运圆山站旁）
02-2595-5200
中午12点到下午6点
无公休日

　　山东饺子馆位于圆山捷运站旁，制作地道的山东水饺已有五十多年历史。在我长达八年的经历中，上下班必会经过"山东饺子"位于库伦街的旧址，尝过一次以后便不能自拔，自此常常自动到店里报到。店里完全以纯手工精制饺子，有一种"妈妈的味道"。老板黄大姐现包现下，一只只饺子圆润饱满，咬下去汤汁满溢，令味蕾得到无限满足。一份温馨透过浑然天成的鲜美，传达到每一位食客的神经，直达记忆最深处，画上无法忘怀的特殊记号。

招牌菜

现包手工饺子

　　山东人的传统饮食习惯以面食为主，水饺是他们最常吃、也是最爱吃的食物。山东饺子最大的特色，是皮薄馅多汤汁足，个头也像个饱实壮硕的大汉。

　　处处讲究的山东水饺，晶莹圆润、内馅饱实，饺皮香Q有嚼劲，一口咬下去，汤汁在嘴里沁开，简直就像在吃小笼汤包一样。韭黄也没有切得太碎，嚼得到宜人的清甜味，亦增加了口感的层次，吃起来不油不腻，齿颊留香。

走过半个世纪的饺子情缘

现在的老板娘黄丽华,接手山东饺子馆已经有二十几年的时间,在此之前,山东饺子馆是由她的公公钟耀西先生创立,并经营过三十几年。

五十多年前,从山东诸城到台湾经商的钟先生,因生意面临重大考验,转换跑道,拿出料理的真功夫,在当时居住的眷村里开了山东饺子馆。后来眷村拆除,小店搬到现址附近继续经营,在当时已有大批忠实顾客。

虽然生意兴隆,但钟老先生日渐年老力衰,手工揉面、擀皮、打肉、和料等活儿越发做不稳当,当时钟老先生的儿子已另有打算,并无法接手,身为媳妇的黄大姐眼见公公日复一日咬牙硬撑,一身的家乡绝活也将要失传,便毅然决然辞掉自己的会计工作,要求公公把店传给她,她对公公说:"我可以从零开始学。"

一开始钟老先生不肯传,他说这粗活女孩子做不来,而且长期下来太伤筋骨。但黄大姐心意已决,就算被拒绝,依旧跟在公公身边学习,谨守公公的每一道工、每一点儿劲,拼命锻炼,不顾双手起茧、腰身疼痛,再多的苦都忍住。在她学成不久之后,公公就过世了,此后黄大姐便延续钟老先生的滋味,一个人经营,没有外场、没有助手,独自让山东饺子馆又走了这么多个年头。

黄大姐回想起自己嫁入钟家时,原本是个本省人家的女儿,不爱北方面食,对地道的北方水饺更是吃得勉强。但为了要接承这夫家饺子馆的血脉,黄大姐要求自己将全部的生命都献给这一只只饺子,磨炼出来的功夫连山东人都连连叫好。

走出捷运圆山站的出口，右手边路旁的一家不起眼的饺子馆，却有着许多山东老饕记忆中的滋味。

小身影大巨人，全年无休

虽然位于交通便利、人潮集中的捷运圆山站旁，但山东饺子馆营业时间只从中午十二时至下午六时。这么一来，不就错过晚餐的颠峰时间了吗？这是因为黄大姐除了是老板，还是唯一的厨师与外场。不管是饺子还是卤菜，店里每一样食物都由她一人一手包办，将食物端到客人面前的事也绝不假他人之手。为了保证最好的质量，她宁愿少做一点生意，也要掌控所有流程，并保留充裕的时间做准备。

因此当店门关起来时，她仍不断工作着。为了要给客人最好的东西，她必须花费大量的时间处理食材。饺子的猪肉要自己动手绞，卤菜要自己烟熏，店内的"秘密武器"——代替葱花的洋葱，也要经过多层剥皮，只取内里的瓣肉，才能不辛不辣，汁甜醒味。由此就能看出，黄大姐个性虽然豪爽，但做起每一只饺子却一丝不苟。这样的精神也体现在开店时间上，饺子馆全年无休，黄大姐不愿让任何一个客人扑空。

在辛勤工作的背后，支撑着她的，并不是有形的金钱，而是无形的感情交流。食物是一种媒介，可以传达人与人之间珍贵的情谊，黄大姐正是为着爱吃她做的水饺的人们而一直努力着。如果你当面称赞她的水饺，换来的或许只是一个点头，但对她来说，那就是她努力的泉源、辛劳换来的果实。

但长年的劳累让黄大姐的身体也开始吃不消，近年她更患上了肾结石。即使如此，她也丝毫没有停下来的意思。幸好儿子心疼妈妈，长得高大壮健的他目前也会在外场帮忙，减轻妈妈的一些负担。

一般在家中煮水饺,会在滚沸的过程中,重复二至三次加入冷水。这是为了要让饺皮适时地收缩,方能保持弹性,且不破裂。若始终以大火滚沸煮熟,饺皮往往会破得面目全非。

　　但说到黄大姐亲手揉、捏、压、擀的饺皮,从下锅开始到捞起盛盘,全以大火一气呵成,非但没有任何破绽,甚至比我所见过的任何一只水饺都要透亮有弹性,并与内馅紧密结合,口口皮肉相连,功夫真是了得!

媲美汤包的水饺

多年来，黄大姐一直秉持山东古法，每一只饺子从饺皮到内馅都是百分百手工制作。饺皮从面团开始制作，除了面粉跟水，还混合了一种独家配料，以双手顺着同一方向开始揉，直至面团不黏手。接下来把面团放到冰箱里"醒面"，让面筋休息、发酵，如此饺皮才会有嚼劲。醒完后的面团先切成小柱子状的"剂子"，并压成扁圆形，再用一手滚转擀面棍，一手旋转剂子，运用巧劲，让擀面棍仅压到圆心外围，如此就能擀出外薄内厚的饺皮，捏合成饺子的外边便能与底部一样厚，煮的时候受热也就均匀，不易煮破，口感匀称。

除了现擀饺皮之外，饺子内馅采用韭黄与猪肉的搭配亦是一绝。韭黄鲜肉内馅在贩卖口味单一的水饺店中很少出现，因为韭黄的价格比韭菜和高丽菜都要贵。韭黄是以人工方法，让韭菜在无光线的环境下生长，使叶绿素消失，成为"黄色的韭菜"。由于叶片细胞快速伸长，组织特别柔软，口感比韭菜细嫩，没有腥味，也更好消化。

再说剁猪绞肉的功夫。首先要以菜刀一直剁，直至出现胶质，然后再调味，接着以顺时针方向用力搅拌至出现黏稠状，同时分次少量加水。这个加水搅拌的步骤称作"打水"，目的是要让肉均匀地随水分入味，并让肉质变得细嫩。"打水"这个步骤看似简单，但水分的拿捏就只能靠经验，水太少则肉干涩，水过量则过于湿烂包不起来。

黄大姐还懂得精益求精，打水时不用一般的清水，而是加入大骨熬成的高汤，因此肉汁也分外鲜美。以前她公公告诉她，很多店家为了求肉汁鲜美，加入很多味精，客人吃得起劲却伤了身，所以饺子的鲜甜不能从味精来，必须要用好的肉、好的高汤，全部以天然的东西引出来才行。

水饺的配汤，除了店内的酸辣汤之外，你也可以向黄大姐要一碗"原汤"来喝。所谓的"原汤"指的是煮水饺用的清汤，汤中没有杂质，也不稠糊，清甜的原味是来自每一只下水的饺子，正因为正宗不妥协的烹调要求，原汤才会是这般清甜。

尤其在口腔经过一番辣油冲击后，来一碗原味水饺汤，能够让味蕾获得最舒畅的洗涤和休息，亦让人深深感受到在这个过度注重包装和雕琢的现代社会中，原味似乎才是最奢侈的逸品。

如果喜欢吃辣的话，这里还有美味的自制辣油。这辣油也是公公传的，独特的香麻口感，让舌尖充满铺天盖地而来的刺激，让人直呼过瘾。

黄大姐从不直接在外面买猪绞肉,她说:"谁知道外头的猪绞肉都绞了些什么东西进去?给客人吃的,一定要是自己会吃、也想吃的!"因此她大手笔挑选肥瘦适中的三层肉,再以手工剁匀,制成独家绞肉。

一场台风带来的美丽错误

来这里除了吃水饺之外,另一道必点菜是综合卤味。

黄大姐说东北人叫卤味作"熏菜"或"烧肉",她的做法是将处理好的猪头皮、牛肉、海带和豆干,先用开店至今不曾换过的陈年老卤汁慢火炖煮,再推入"熏箱",将香气锁入食材肌理之中。熏料中的蔗糖,则能让一抹甜意附着在卤菜上,于是口感咸中带甜,香味四溢。

上桌前,一般店家会在卤味上洒上姜丝、葱、酱油膏及香油提味,黄大姐为了让客人吃到原味,不添加任何酱料,仅以洋葱丁搭配。

说到这个"洋葱配卤味"的独门口味,就要回到二十多年前的一场

黄大姐用来搭配卤味的洋葱,只取中央肥嫩汁多的部位。也难怪这里的洋葱不呛口、不冲鼻,还分外甜美。

台风。当时青葱产量骤减，价钱飙涨，于是客人提议不如以洋葱应急，来搭配卤味，没想到这一配，竟擦出惊喜的火花，洋葱的辛辣比青葱更带劲，同时还多了一股清甜。所以待蔬菜价格平稳之后，黄大姐换回青葱，竟然有客人吃不惯，从此黄大姐便延续了这种做法，直到现在依然吃得到这种创意搭配。

平凡而伟大的妈妈，花费一生青春，只为带给客人一只饺子的惊喜。城市一隅的这家老店，着实让人窝心感动。盼望有更多新投入的餐饮业者，能够怀着这份只想做出美味食物的心情，诚心诚意为大家带来味蕾与心灵的飨宴。

阿鸿笔记

现点现做，等待之后的无限满足

一踏进山东饺子馆，就能看见黄大姐擀饺皮的工作台。黄大姐现点现包再下锅的坚持，虽然曾被客人嫌慢，但她无论如何不想为了速度而坏了质量。"不要催我啊！"黄大姐笑着说。是啊，为了吃这一盘绝无仅有的好水饺，等待是值得的。

武昌街一段

捷运西门站

中山堂

西阳街

博爱路

秀山街

延平南路

永绥街

隆记菜饭

中华路一段

衡阳街

隆记菜饭
——老上海聚集的怀旧餐厅

台北市延平南路101巷1号（中山堂右对面）
02-2331-5078
早上11点至下午2点
下午5点至晚上9点
每月第三个周日公休

吃台湾菜长大的食客或许会不太习惯"隆记"的口味，但在台湾的上海老乡却只爱来这吃饭。老板说，在"隆记"吃的就是上海本帮菜，浓油赤酱、糖重色丰，用料做法完全遵循古法。"隆记"从江浙到台湾之后，一直谨守原貌，各式菜色的工序再繁琐也得照实做，师傅也从没换过，因此在"隆记"吃到的绝对是正宗上海弄堂菜。

招牌菜

砂锅三鲜

　　砂锅三鲜也有人称"砂锅腌鲜",更白话一点的说法,就是什锦砂锅,锅料之丰富让人印象深刻。有些客人来,甚至就点这一锅,几个人手持着菜饭,围着这一锅配着吃。锅里搁着狮子头、蛋饺、大块的火腿肉、五花肉,其中最让人称奇的是还有烤鸡、炸鱼、百叶包肉等等能自成一道的料理。鲜甜的汤头已滚至乳白,是非常有魄力的一锅。

中华商场的活化石

1949年，国民党败退台湾，随着这一渡海，台北一度荟萃了各式外省风味餐厅，特别是"中华商场"一带，该商场在上世纪五十至七十年代时堪称繁华荣盛，被视为台北的地标。

小时候的我，总爱跟着长辈们游逛这矗立在中华路两旁的庞然建筑。一千多家摊贩店面，堆积着满足人类各种各样欲求的商品：音响、唱片、录音带、制服、皮鞋、海报、小吃……而当中最让人魂牵梦萦的，是来自祖国大陆大江南北的佳肴，无论是样式还是味道，都和本地菜十分不同。

但是，吃着吃着，这些好滋味或是渐渐不见了，或是走味了。"中华商场"拆卸了，老一辈师傅渐次凋零，顾客的口味也慢慢在改变。当时"中华商场"内许多著名的外省小馆如"三六九食品公司"、"山西面馆"都纷纷走入历史，仅存两三家延续所有功夫和面貌的餐馆，"隆记菜饭"这个上海菜老字号，便是其中一家。

店里跑堂几十年的妈妈们，在当年都是干练清秀的小姑娘，她们会递给你散发着明星花露水味道的毛巾，那是一股象征青春记忆的味道。

从开店至今，经过四五十年的岁月，"隆记菜饭"依然沉静地伫立在中山堂巷子里。

弄堂菜，地道上海民间滋味

"隆记"是台湾最经典的弄堂菜中心，也是老上海最爱的聚首地。每次来到"隆记"，一定可以看到许多操上海口音的阿公、阿嬷在围桌谈饮，偌大店面经常人声鼎沸。

上海弄堂厨房里的味道，是上海菜最经典的味道，有点像台湾的清粥小菜，或是香港的大排档。上海人每天在弄堂里实实在在地生活着，弄堂里散发出一种在地、世俗、日常、实用的活力，而"隆记菜饭"也遵循弄堂的精神走到今日，烧出如今众多华丽厨房里头都难以盛出的上海基层生活百味。

旧时弄堂里、饭桌上，那缕缕熟悉的上海情，是所有远离家乡的老上海的最爱。一般讨生活的工人喜欢吃，达官贵人也爱来怀旧一番。当年的上海人当中，许多都大有来历。西门町一带的百货公司、歌厅、舞厅、咖啡厅等，大部分是由上海人开设的。而大众化的价格，也吸引了中山堂附近的上班族前来饱餐一顿，一碗菜饭加两道小菜，花费只要一百多。若是小时候能常吃到家里煮的江浙菜的，来到"隆记"，一定会让你有一种回家吃饭的亲切感。想尝鲜的人，更应该来"隆记"品尝品尝上海的经典美味，呼朋唤友，点一桌小菜，配一杯生啤酒，人生一大乐事也！

往柜台的方向抬头一看,百货公司橱窗般的老式落地玻璃橱柜内,展示着琳琅满目的冷盘小菜。

雪菜百叶

雪菜百叶是将雪菜剁成细片,并与百叶烧至入味。在上海菜餐馆中几乎都可以看到这一道简单朴素的料理,但"隆记"能将这一味烧得更为淡雅,使人回味再三。

葱烤鲫鱼

鲫鱼一定要选抱卵的,并在前一天先浸醋一晚,隔天再用低温炸至骨头酥透,然后以小火烤到入味。菜名中使用的"烤"字,在江浙菜系里所指的并不是我们一般认知中"烧烤"的"烤",而是经过长时间煨煮的意思,所以烤鱼指的是把鲫鱼和葱一起烧至软烂。

烤麸

烤麸并不是烤面饼,和葱烤鲫鱼的"烤"字相同,烤麸是把一种类似面筋的面食加了木耳、笋片一起煨煮。外头做的烤麸时常流于死咸,"隆记"的却甘咸不腻,还能嚼出麸筋的香味。

129

菜饭

"上海菜饭"大抵有两种做法，一种是把熟菜和饭拌在一起，一种是生米和生菜一起煮成饭，但不管怎么做，都使用深绿色的菜，即雪菜或青江菜。"隆记"的菜饭是用生米和切碎的青江菜一起煮，上饭前再淋上卤汁，口感软烂濡湿，仅有饭香、菜香和卤汁香，不咸不油。

黄豆汤

用旺火连续熬煮十个小时，因此汤里头的排骨已经熬到不见骨肉，而是酥软得成碎渣，黄豆亦松软绵密。汤体喝来浓厚，很多老客人会冲着这道汤上门。

阿鸿笔记

"弄堂菜"弄什么名堂？

上海菜十分讲究，有本帮和海派之分。本帮菜较家常化，海派则偏西化和具创新性。"隆记菜饭"提供的是属本帮派的弄堂菜。

所谓弄堂，其实是上海里弄的俗称，也就是北京人所说的胡同。弄堂是上海的精髓，上海人的特性就是在曲折的弄堂里孕育的。

小说家王安忆在其代表作《长恨歌》中描写的，便是深藏千万故事的上海弄堂，以及弄堂女儿王琦瑶的一生。

上海人口稠密，旧时有钱人住十里洋场的大楼洋房，贫民住城市边缘的棚屋，而绝大多数的平民老百姓，就住在形形色色的弄堂里。一般的弄堂门接着门、户连着户，人口密度高，居住环境拥挤，为了节省空间，需与邻居共享浴室厨房，要解决三餐，主妇们只好在有限的时间与空间内，一次把好几餐的菜烧好。于是，主妇们就尽量弄一些可以久放的冷盘小菜和大锅菜给家人下饭送酒，这些充满了妈妈们的巧思与手艺的就是"弄堂菜"。

警察交通网

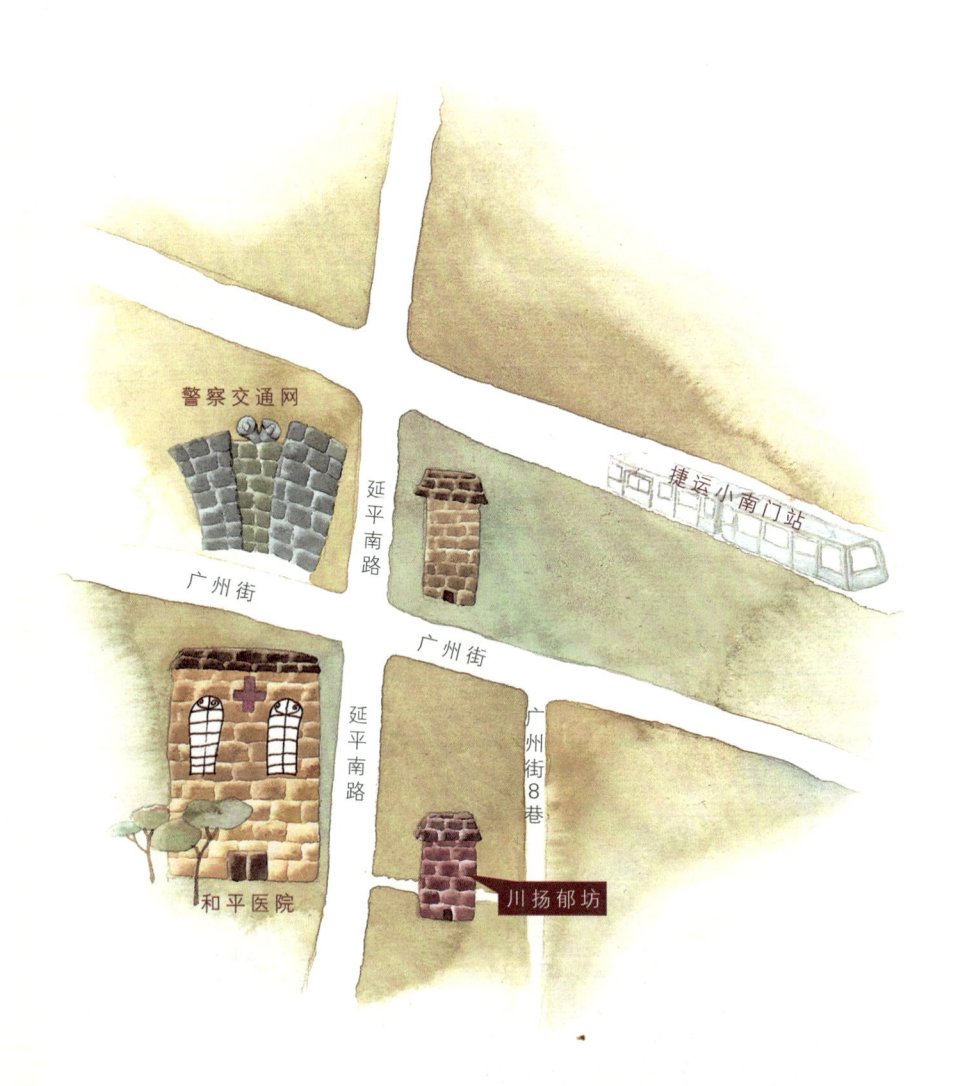

捷运小南门站

广州街

延平南路

广州街

延平南路

广州街8巷

和平医院

川扬郁坊

川扬郁坊
——小巷弄里的平民银翼饭馆

台北市中正区延平南路163巷2号（和平医院后门对面）

02-2331-1117

上午11点至下午2点

下午5点至晚上8点半

每月第二、第四个周一公休

（农历过年休八天）

从"银翼"到"郁坊"，吕师傅在四川菜和淮扬菜的世界里摸索打滚四十多年，功力十分深厚，技艺已达炉火纯青之境，无论是刀工、火候、选料，都是年轻一辈所无法企及的。他身怀十八般武艺，一些在台湾几乎绝迹的功夫老菜，他都了如指掌。

133

招牌菜

蛤蜊嵌肉

这是一道将狮子头镶于大蛤蜊的功夫料理，据传是蒋介石最爱的狮子头，也是风云人物黄任中最爱的一道菜。将肥瘦肉以手工剁成肉泥，捏成肉丸后过油略炸，再打开蛤蜊壳镶进肉丸，并将蛤蜊肉置于丸子上。以青江菜铺面，老母鸡置锅底，最后加入秘制高汤于砂锅内炖煮，是一道相当费工夫的汤菜。现代人讲究健康，吃大肉的人少了，但蛤蜊加狮子头的搭配绝不会让你感到油腻，而且味道鲜美。

小巷弄里最地道的川扬味

　　诗人焦桐为它深受相思苦、《壹周刊》评选它为"年度百大餐厅"之一。真正懂得吃中菜的人，都知道"郁坊"小馆。虽然它隐匿在城市角落的深巷窄弄中，虽然它的外观不如其名气吸引人——没有装潢、桌椅老旧，只够摆放七八张圆桌的空间一览无遗，然而它却是冠盖云集之地，是军公教将领和艺文人士宴客聚会的热门场所，这全因"郁坊"的川扬菜做得实在地道。

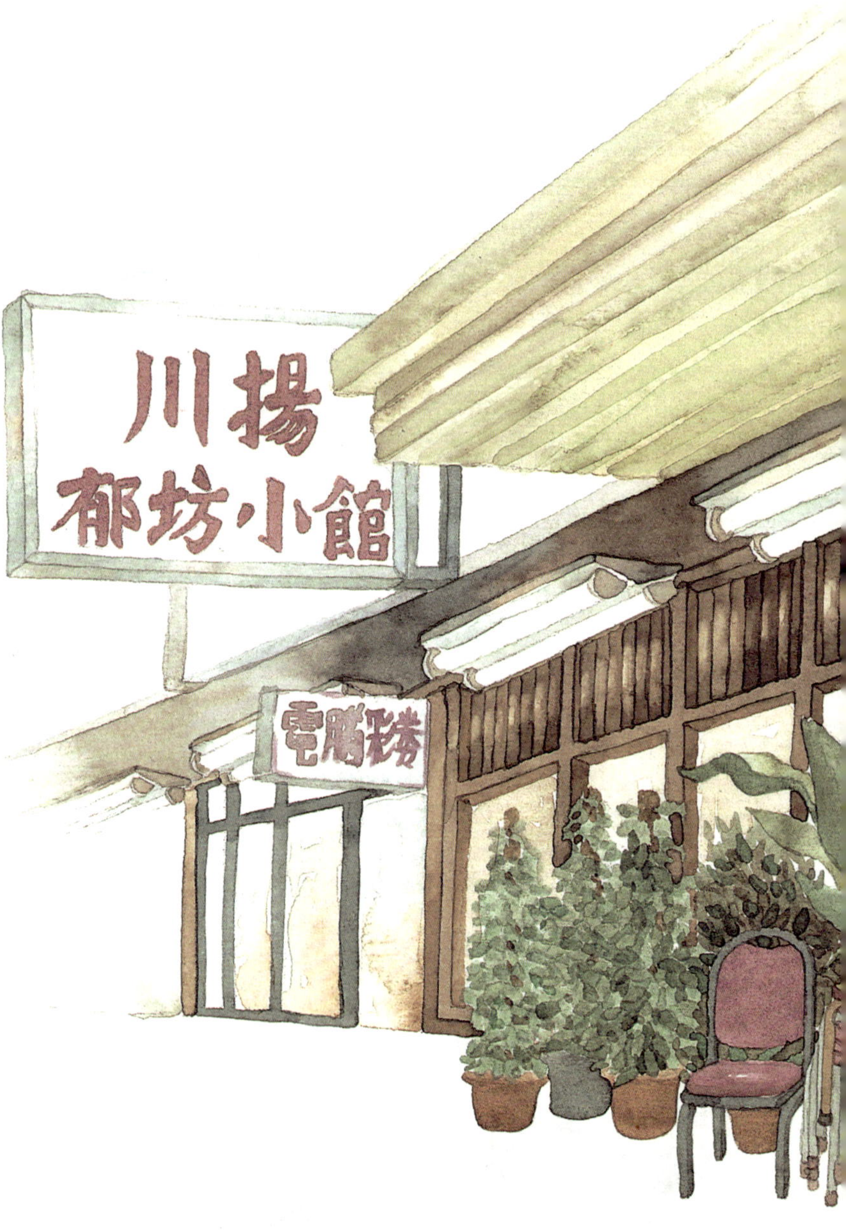
川揚
郁坊小館
電腦彩券

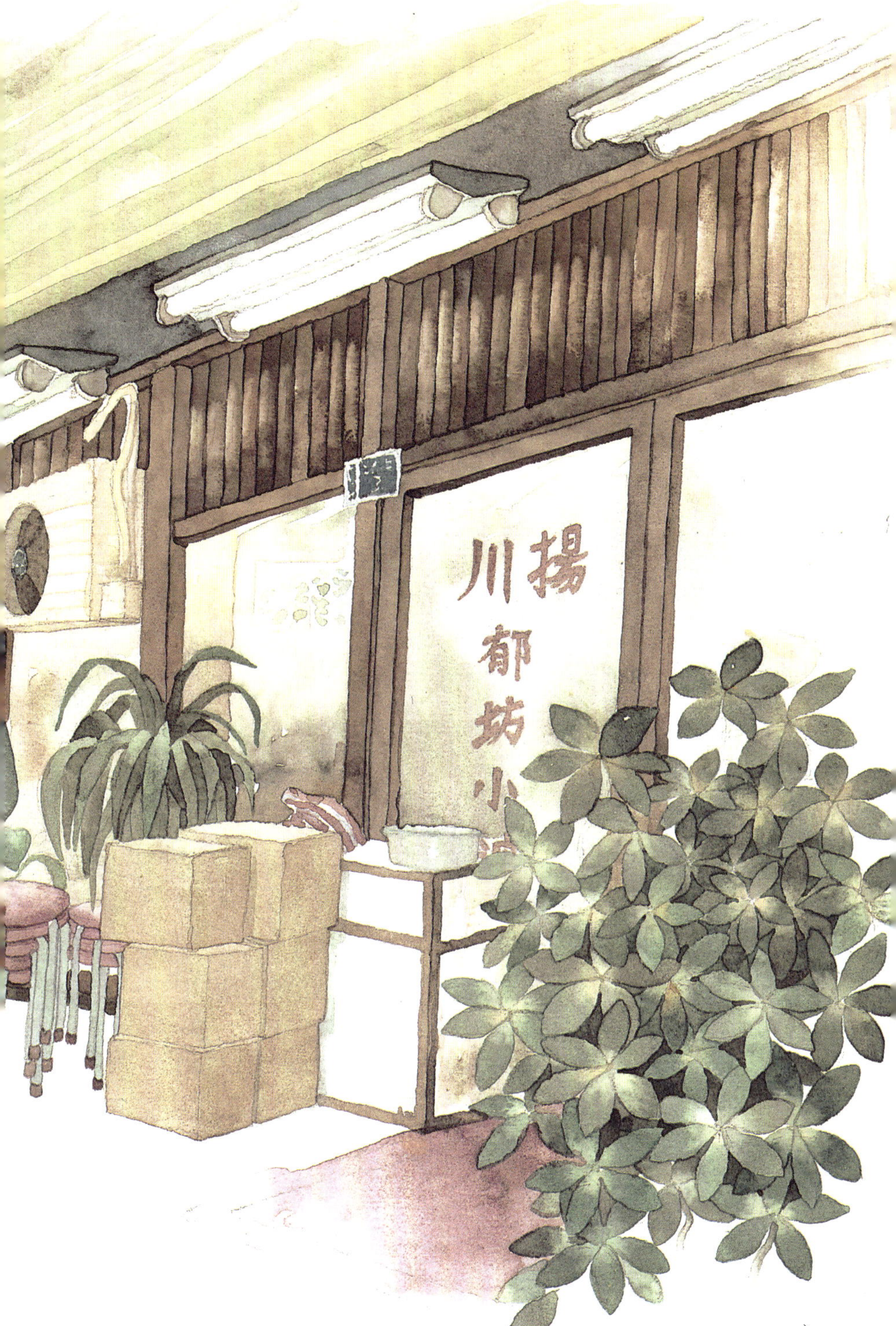
揚
川都坊小

珍惜传统的"慢食"料理

"郁坊"的老板吕德法从十四岁起,便在赫赫有名的"银翼餐厅"里跟着大陆师傅学做菜。银翼餐厅的前身是"空军伙食团",后来开放为民间餐厅后,不仅是老饕一致推荐的地道川扬老餐馆,更有蒋经国先生支持,张学良与严家淦先生都曾是座上常客。

在银翼餐厅,吕老板学的都是正统地道的川扬老菜。练得一身精湛的厨艺之后,便到国外去做应聘厨师,二十几年周游德国、美国与日本,将川扬老菜推至国际。吕老板曾经也想过是不是就此在国外生存下去,当时也已拿到绿卡;但他依旧回到台湾,想试试看以自己的厨艺,究竟能不能开创自己的一片天地。于是,"川扬郁坊"诞生了。

一开始,不靠任何的宣传,没有奢华的装潢,也不去沾"银翼"的光,"郁坊"度过了一小段没什么客人的时期,但在开店几个月后,老板的好厨艺在大街小巷流传开来,生意越来越好,直到今天,"郁坊"依旧远近驰名。

吕老板说,当厨师的时候,对厨房里的一切事务已经十分拿手,对细节的了解也很透彻,但自己独立经营一家餐馆之后,才知道厨房以外有更多事要处理,从食材调度或成本控制,到人员管理以及空间规划等等众多繁复之事,都得逐项处理。不过在身为厨师的时候,他已确定许多透彻的原则,因此虽然有许多细节需要摸索学习,但明确的大方向、该有的坚持则从来没有变过。

这么多年下来,"川扬郁坊"已经有许许多多的老客人,而这些老客人也会带着他们第二代、第三代的亲朋好友来此用餐,老少交替的生生不息,滋养着"川扬郁坊"的生命。

从店门口往里头望,总能看见座无虚席的荣景。

从店门口往里头望,总能看见座无虚席的荣景。

费时费工的特色美食

川扬菜结合了四川菜的清新、麻辣以及淮扬菜的淡雅与刀工,讲究"五味调和",集咸、酸、甜、辣、香复合味为特色,在烹调技法上注重煨、炖。川扬菜费时费工,一些必点的经典名菜都需事先预定。现代人视时间为金钱,坊间餐馆多不愿做这种"慢食",吕师傅却视"郁坊"为经营技艺传承和良心艺术的地方。他珍惜传统,讲究食材,一心只想做出最美味的川扬菜。

说到这一道"肴肉风鸡",菜名里的"肴肉"究竟谓何?

话说这"肴肉"本叫"硝肉",是指用硝腌渍过后再经烹煮的猪皮与猪脚。后人因"硝"字不雅,故以"肴"字代之,同时又取"佳肴"之意。这种用硝腌渍猪皮猪脚的做法,相传是从三百多年前,镇江一家小夫妻经营的酒店发展出来的,只不过这独特秘方是误打误撞而得。据说是小夫妻误把制爆竹的硝错当成盐,就这么腌了一大锅猪蹄膀,后来糊里糊涂炊煮上桌,意外发现腌肉奇香无比,才发现硝渍竟然有此神奇效果。

还有传说称这道"硝肉"香味冲天,连八仙之一的张果老都受到诱惑,忍不住下凡来尝鲜。

肴肉风鸡

这是一道双拼冷菜。肴肉的皮晶莹剔透，肉质部分则鲜红如火腿，红白相映，稍带咸味，色香味皆俱。肉块看似肥腻，吃下去却软嫩清爽。沾一点镇江香醋，再拌些嫩姜丝一同入口，风味绝佳。

松针杂笼

以蒸笼盛上桌的包饺类点心，共有四种口味——糯米、青江菜、鲜肉、豆沙，只只皮薄馅满，让人一试难忘。

为了让面皮不黏底，一般店家会在蒸笼底部铺上蒸笼纸，讲究一点的或许会用高丽菜，"郁坊"却罕见地以墨绿色的松针衬底。

松针本身含有天然精油，质地坚实，因此不用抹油，也不会像高丽菜般久蒸后变得软烂。每一只包子夹起来保证完美无瑕，吃来还散发阵阵松针清香，仿佛经过森林浴的洗礼，是结合SPA和掌中艺术的美味作品。

葱开煨面

葱开煨面堪称全台首屈一指的煨面。将葱段、开阳（虾米）等材料炒香后，加入特制面条及老鸡汤以文火长时间慢煨，熬煮出像豚骨拉面般的乳白色汤头，味道香醇浓郁却清爽顺口，虾米的鲜味尽在舌尖上。

面条吸收丰腴汤头的精华后，变得软柔却不稀烂，夹起来面形尚牢，入口即化于无形。

淮扬干丝

这是淮扬第一名菜。干丝也就是豆干丝，再加青蒜苗、火腿丝、鸡丝同拌。

这道菜看似简单，吃的其实是师傅的刀工，所谓"扬州三把刀"，第一把就是菜刀。豆干一定要切得比面条还细，炒起来需不断不糊，这是一般学徒难以闯过的关卡。

葱香、肉香渗入极细的豆干丝中，丝丝入扣，开胃下饭。

阿鸿笔记

需预定之菜色

慢食慢工的川扬菜，不如一般小菜可以随点随炒。许多功夫菜需要花上一整天甚至更久的时间来准备，因此店内有许多名菜是需要预定的。

我最爱吃的几道大菜都需要预定，像是东坡肉、栗子烧鸡、干烧鱼头、蛤蜊嵌肉、芙蓉青蟹、萝卜烧牛腩、腐竹烧排骨、砂锅蟹粉狮子头、砂锅火腿土鸡炖蹄膀、八宝鸭、麻辣腰花等等。我每次非常想吃这些菜的时候，都得慎选一番，然后向老板预定。老板接下便要花时间去采买材料，并且着手进行繁琐的前置作业，等着我登门享用的那一天。

我觉得预定菜色是非常有趣的事。向老板预定之后，一边想象老板为了预定菜色忙碌张罗的模样，一边等待上馆子。等到终于上了馆子，再一边嗑点小菜，一边等着自己预定好的菜上桌。直到热腾腾的大菜上桌，吃进嘴里的那一刻，连日来在脑海中盘旋的美味直冲脑门，猛然有一种美梦成真的欣喜滋味。

建国南路一段

仁爱路三段

仁爱路三段

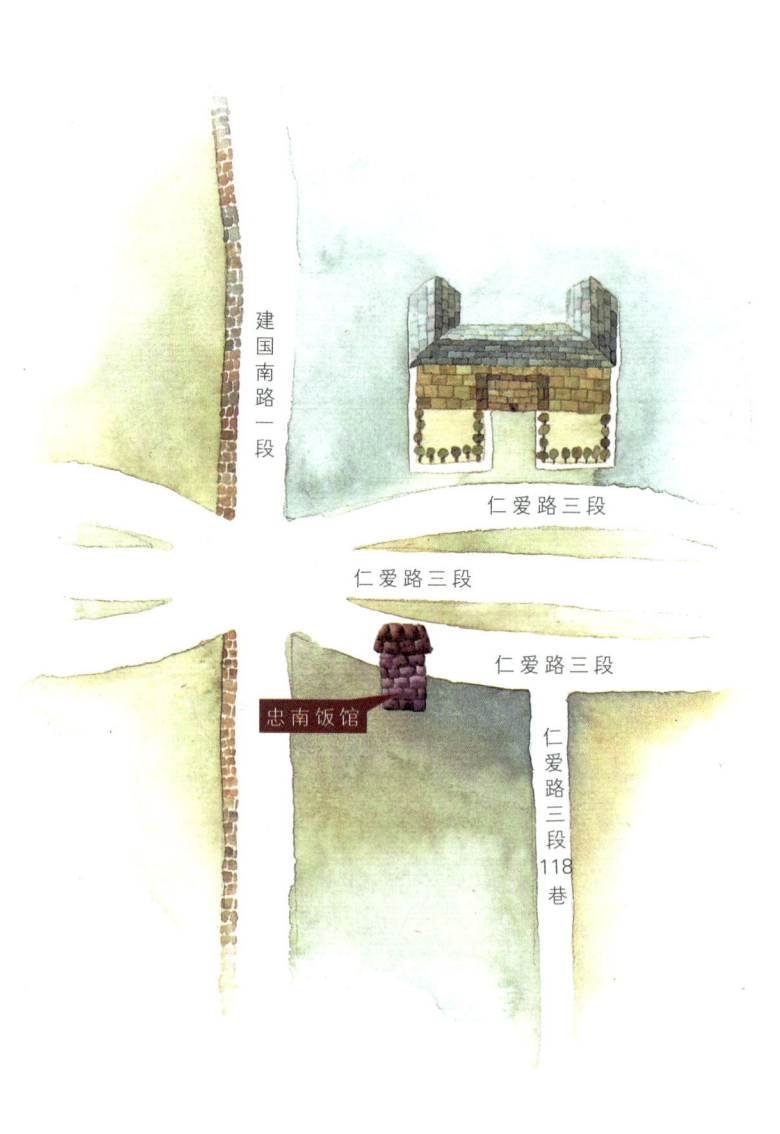

忠南饭馆

仁爱路三段

仁爱路三段118巷

忠南饭馆
——黄金地段的家常美味

台北市仁爱路三段88号（近建国南路口）

02-2706-1256

外送洽询：02-2755-6177或2706-1256

（请提早预约，星期日不外送）

上午11点至下午2点

下午5点至晚上8点半

无公休日

早期"中广"和"中视"的办公大楼，就在它对面，这些传媒人吃腻了自己的员工餐厅，就找到了邻近的"忠南"。由于经济又美味，口耳相传后，越来越多媒体工作者每天跑来这里祭五脏庙，这里俨如他们的第二员工餐厅，许多名人更从默默无闻吃到大红大紫。如果运气好的话，也可以看到一些熟悉的身影，他们或许就坐在你身后和你一起吃饭呢！

招牌菜

蹄花黄豆

　　这道蹄髈的制作工序非常麻烦，至少需要两天半的时间，为了让食材的特性发挥到极致，"忠南"的厨师不像一般厨师料理猪脚时用了大量的酱油、猪油、色拉油，也不用燥热的花生，而是改用黄豆，并且采用特殊且繁复的料理方式，从而制成这一道吃来不油不腻、香味四溢、饱口腹又顾肠胃的蹄花黄豆。

平实亲切五十多年

忠南饭馆是一家江浙家常菜馆。

虽然位于物价惊人的仁爱路高级地段,但在此用餐,白饭随意吃、热茶无限量供应,而且点菜就送例汤,每道菜的价格均在一百六十元台币以下。这样随性实惠的风格,显然和附近的超级豪宅大相径庭,不过却丝毫无损它从1959年以来对大众化价格的坚持、地道亲切的家常滋味,还有旺盛的人气。

阿兵哥吃后会自动立正的白饭

在我们聊到菜肴之前,不能不提的是"忠南"的白饭。很多人可是为了吃这里的白饭而来的呢!店里任意吃的白饭分为两锅:一锅是蓬莱米,另一锅则是在来米。前者口感软粘,也就是我们日常吃的米饭类;至于在来米则比较松干,现在已经很少有人把它直接当米饭吃,大多用作加工米食的原料,只有阿兵哥在部队中才吃得到在来米。所以当过兵的男子汉到了"忠南",吃到亲切的在来米,必定会回想起部队中的光阴,说不定还会忍不住自动立正呢!

你可能会好奇,为什么店家这么不嫌麻烦,连米饭也要分两种。这是因为饭馆的创办人正是出身军旅,才会比照军中模式,提供在来米,并实行白饭免钱续添。其实在来米的口感虽然较为干硬,但它比较不容易引起胃酸,吃了对身体有益。

顾胃也顾味的两种白饭,扑鼻而来的米香,最是让人无法抵挡。

别处吃不到的江浙菜

老板提及自己的一手好菜，常说："台湾已经没有人在做了！"虽然不知道是否的确真为"世上仅有"，但听老板说起几道人气菜色的功夫，便明白他的坚持与骄傲从何而来。

比如"蹄花黄豆"，是一般餐厅不敢做的料理，工序实在太复杂，我头一次听的时候听得头昏眼花。老板说，为了让"卤猪脚"摆脱油腻重咸、燥热伤胃的特质，所以采用大量富含胶质的带皮猪脚，且以黄豆代替花生。

猪脚先用海盐煮过，煮去杂质杂味，然后洗净红烧，黄豆则要另外处理。为了不让豆味过重，要另起一锅白水煮豆，煮掉豆味之后再和红烧好的猪脚一起快卤。下一步出现独门功夫：卤过的黄豆猪脚，要进行分罐并放进冷冻库，直至冻透，待出菜当天再将其取出蒸上四小时。这一步结冻甚有玄机：若以大火沸腾煮豆，最终只能得到一锅满是破烂碎豆的杂汤，在口感与滋味上都稍显粗糙；而让黄豆经过结冻、解冻，组织便会均匀崩解，于是能吃来松软绵密，汤汁饱满。

五十年如一日

除了附近上班族三五成群来打牙祭、联络感情外,"忠南"也是外省族群在假日重温家乡味的重要据点。

老板说他五十几年来,从不敢随意更动料理的方法,不论多细部的调味都谨守着五十多年前的做法。因为老客人来店里,就是要吃这个味道,只要变一点点都不行,老客人的舌头是很忠于原味的。就像店里的装潢从不翻新,不然哪个老客人可能离开台湾,五年后再踏进这里,就没办法再认得,可能还会以为自己走错了店呢!

所以,在忠南饭馆,老板坚持五十年如一日,这触动了许多人的记忆,他们不只爱上这里的经济家常,更怀有一份亲厚的感情,也难怪饭店在用餐时间总是座无虚席了。

和许多老店一样,忠南饭馆有着朴素的面貌,然而依旧不影响它数十年来高朋满座的盛况。

红烧狮子头

这是另一道属于江浙菜系中的名菜。肥、瘦猪肉以三七比例混合，再以大刀剁成泥并拌打成球，接着酥炸至金黄色，最后再入锅，裹以白菜后慢火煲煮。肉球的口感扎实细致，白菜所熬成的汤汁浓醇鲜美。

豆腐鲫鱼白汤

以大火熬汤，一次至少要两个钟头以上，而且师傅得守候在旁，每一分钟便翻一次锅，才不会让豆腐粘了锅边给大火烧焦。起锅前往汤里放一匙豆浆，不但醒味也拉深厚度。老板说，这种用大火滚白的汤是不能放隔夜的，所以一般餐厅不敢做。但"忠南"有固定的客源，有时天气较冷，准备的汤甚至不到八点就卖完了。

泡菜牛肉

这道菜里又酸又脆的泡菜可不是加醋的，它可是用经过二十五年自然发酵的老卤汁腌成的。这二十五年来，老板做泡菜的刀具、砧板都是单独使用一套，不沾任何一点污、不碰任何一滴油，并且每三天就将老卤汁锅底的杂质清掉，换入一袋清澈的水，维持卤汁的醇净。

老板说，一般的泡菜若能腌到这般酸度，早就变烂了，只有用自然发酵的老卤汁腌成的泡菜，才能又酸又脆。

阿鸿笔记

"忠南"与"筷子"的老少配

有一次我在厨房里东看西瞧,老板突然说:"我们这边比较丑啦!有空到'筷子'来,我招待,那边的厨房就很漂亮!"

细问之下我才知道,原来享有盛名的江浙餐厅"筷子"是由"忠南饭馆"的第二代少东创立的。因此"忠南"与"筷子"可说是父子关系,走不同的路线,但依旧都是江浙美食餐厅。"筷子"装潢新颖时髦,价位较"忠南"要高,是年轻美食族群的热门去处,"忠南"的顾客则多半是吃了几十年的老顾客。

只能说,老少都被老板一家的厨艺给"俘获"了,五十年的功夫真是了得!

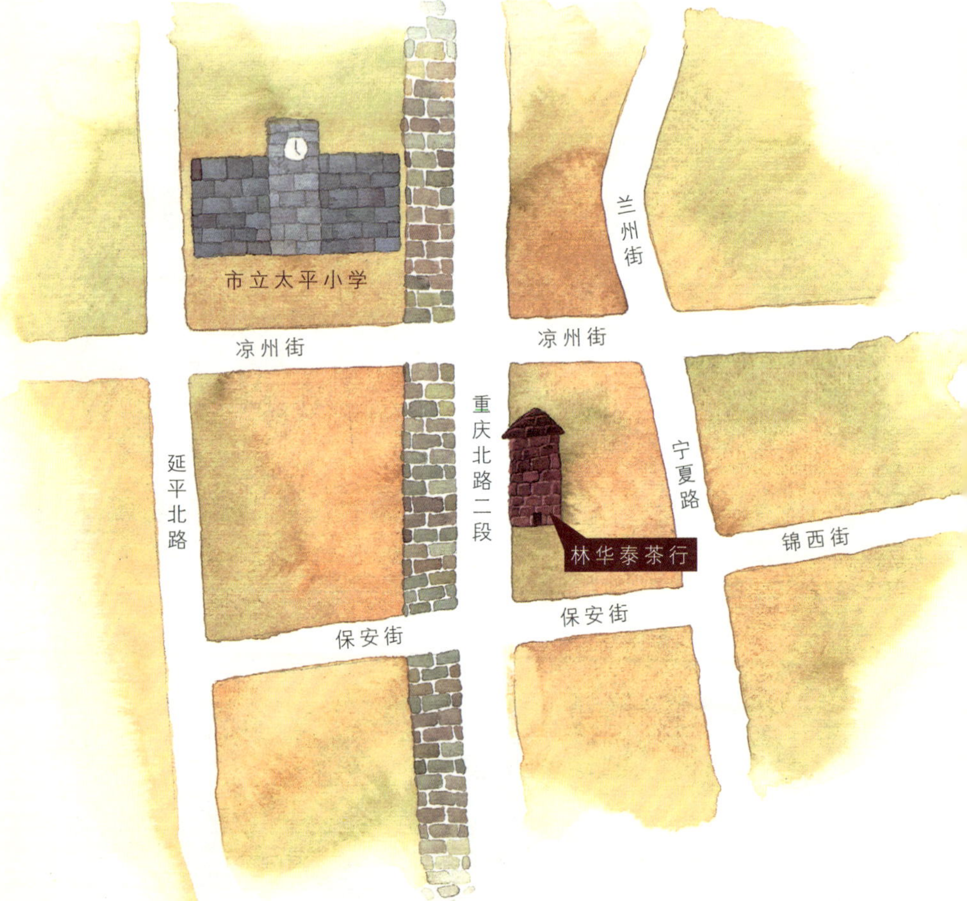

市立太平小学
兰州街
凉州街
凉州街
重庆北路二段
延平北路
宁夏路
林华泰茶行
锦西街
保安街
保安街

林华泰茶行
——大稻埕里百年茶香的风华传奇

台北市重庆北路二段193号
02-2557-3506
早上7点半至晚上9点
无公休日（农历过年休五天）

　　大稻埕曾为台湾经济的重要动脉，远销英、美的茶叶创造了无数的财富。然而到了日本殖民统治时期，日人以台北城为都市发展重心，至光复后，产业重心又转移，茶叶贸易已无利可图，茶行、茶厂纷纷迁出或倒闭，大稻埕的光环褪去，繁华岁月成过眼云烟。但在如此艰困的时期，仍有少数茶行屹立不摇，"林华泰茶行"就是其中瑰宝级的老字号。

招牌菜

不二价好茶

　　半身高的银色铁皮大桶子里，装着老板诚信出品的茶叶。铁桶的盖子上，以红色油漆笔写着每斤茶价，不论来客是何人，不论时价起伏，"林华泰"的茶价稳如泰山，绝不哄抬价钱、绝不炒作。

茶香悠然大稻埕

　　茶叶是大稻埕最重要、也最有特色的经济作物。根据历史记载，咸丰十年（公元1860年）淡水开港，活络了台北的国际贸易活动，直至同治四年（公元1865年）英国人杜德（John Dodd）到台湾考察，决定将泉州安溪茶苗引进台湾，并贷款给农户栽种，再收买茶叶烘焙精制，是为台湾精制茶叶之始。

　　乌龙茶是台湾最早出产的茶种，当时英国女皇首次尝到乌龙，直夸这是"Oriental Beauty"，于是"东方美人"之美名斐声国际，洋人趋之若鹜，台湾茶的行情亦随之水涨船高，吸引了外商五大洋行先后来到大稻埕迪化街、重庆北路一带设立分公司，向英、美等国输出茶叶。

　　自此大稻埕不但成为茶叶飘香的著名茶市，更带领台北创造财富，也成为台湾面向国外最早的通商口岸。

　　台湾许多赫赫有名的企业家都在大稻埕一带起家，板桥林家、台泥辜振甫先生也曾从事茶业。如今繁华岁月已成过眼云烟，令人不胜唏嘘。

　　不过，快速现代化的今天，仍然有少数茶行如顽石般巍然不摇，林华泰茶行这一家百年茶行便无视周遭变迁，坚持制作传统精制好茶。瑰宝级的老字号和百年如一的茶香，是宝岛现代商业扎实的基石，亦为后人留下不少昔日风光的见证。

世代种茶，老店风华二甲子

林华泰茶行的祖先在大陆福建安溪世代种茶，清朝时盗贼出没、战乱不安，加上台茶的兴盛严重打击福建一带的茶业生意，林家于是毅然决定漂洋过海，于光绪四年（公元1883年）迁至深坑石碇乡枫子林，创立"林华泰茶行"，开始在这片土地上种茶与制茶。初期，茶叶卖到泰国、日本、英国、美国等。至第二代时移师至大稻埕重庆北路，经营至今已有一百廿几年的历史，现任继承人是第四代的林茂森先生，第五代的儿子亦从旁协助。经过二甲子岁月洗礼的老店，名声响、信誉佳，曾获台北市政府颁发的金质奖牌表彰，《商业周刊》也曾以专文报道，林华泰茶叶可谓已经和台湾茶划上等号。

第四代的林茂森先生，是现任的继承人，六十多岁，但仍皮肤光滑，面色红润。老板说，他的父亲享年九十八岁，脸上一块斑都没有。"喝好茶不会有斑！"老板笑眯眯地说。

大铁茶桶、桧木家具，古意盎然

茶行位于一栋四十年以上的老房子中，共三层楼高，是横长形建筑，属于"前店后厂"形式，店面、仓库和烘焙工厂均在这栋老宅内。

如同许多其他老店，茶行的门面朴素，不熟门路的人很可能会以为是没有对外营业的工厂。倒是站在对街看过来，偌大的招牌十分显眼，在林立高楼之间独具特色。

制茶过程中用的是竹编畚箕和竹篓。林老板说，做这种竹编的器具，看来简单但大有学问。绷太紧则使用寿命短，太松则盛物的结构歪斜、压力分散不均。烘好的茶在搬运的过程中，需要弹性良好、结构稳定的竹篓。只可惜，这一项精良的手工制品，现在已经没有师傅在做了。

久已离开人们视线的古老磅秤,现在仍在客人来买茶称斤时使用。

踏进店里,你会惊讶于眼前的景象:宽敞的大厅中,约有数十个半身高的银色大铁皮茶桶,一排排豪迈随意地摆在地上,客人要买的茶叶,就藏在这些茶桶里,并不是我们平常在架子上看到的已经一袋袋包装好的模样。

在林华泰茶行的整个室内空间,除了有满室芬芳的茶香,更有古色古香的历史气味。映入眼帘的桧木门、压花磨砂玻璃窗、桧木壁柜,甚至是古老的磅秤,都是一代一代传下,与时下复刻制作的新古董有着截然不同的光泽和质感。

要贩卖给客人的茶叶都放在银色大铁皮茶桶里。客人要买多少斤两，就打开茶桶，取出茶叶称重。

传统制茶，品质把关

直到现在，老板依然用传统的机器与流程来烘茶。走进烘茶室，到处可见各式古早的器具和机器，还有一整片的晒茶场。

家中世代都制茶、卖茶的林老板说，他能靠鼻子分辨出茶里是否含有非天然的添加物，若有则为劣质茶。许多卖茶的人，以低价茶添加香料，再以高价售出，不明白究竟的消费者很容易受骗上当。但这样的狡诈行径之所以能得逞，是有心人炒作茶叶所致。比方说，再怎么好的红茶，也不必卖到一斤四千。大家心里明白，要喝顶级红茶，一斤一百六

晒茶厂藏身在大厦内，未晒好的茶叶还冒着温热的气息。站在茶行外头，怎么样也想不到里头竟然有这一片芬芳之地。

的斯里兰卡红茶就已足够。林老板认为，做茶卖茶的，最需要做的是帮消费者把关。他不炒作产地，因为同一产地里也生产优劣不一的茶，所以他将同一产区的茶叶分级，再将不同产区同一等级的茶叶合并烘焙，这样才是真的能区分好坏。

经老板说明，才明白天花板上的茶色染渍为何。越接近烘茶室的天花板，茶色的染渍越深。原来烘茶之时，茶叶内咖啡因一类的物质会随气流而上，沾附在天花板、墙壁上，经年累月下来，白色的石灰墙壁上便出现了这般奇妙的茶色染渍。

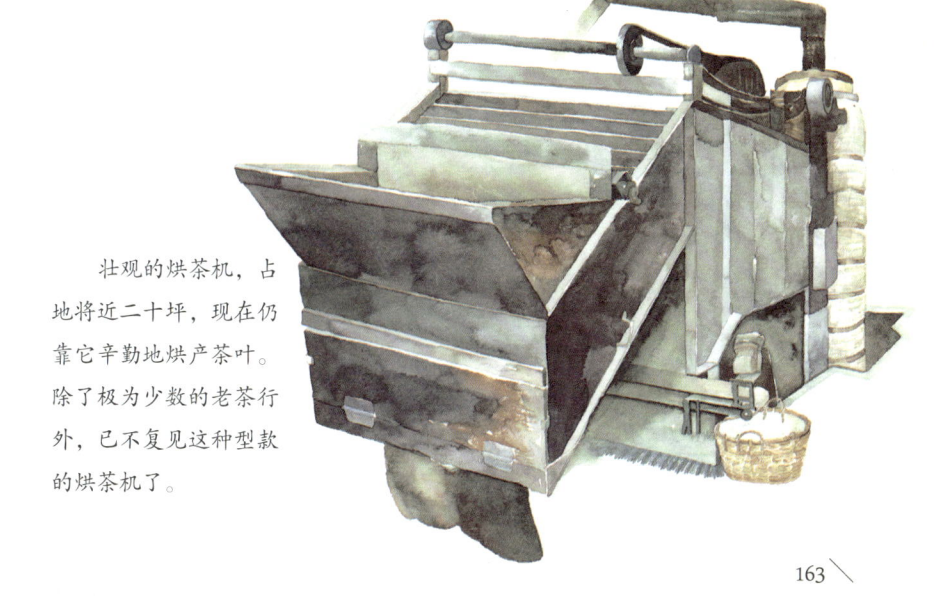

壮观的烘茶机，占地将近二十坪，现在仍靠它辛勤地烘产茶叶。除了极为少数的老茶行外，已不复见这种型款的烘茶机了。

坚持诚信，再走百年

老字号根深叶大，自然有一批老客户，然而要是经营者稍有不慎，百年根基便会毁于一旦。因此，林华泰茶行世代都重诚信商誉，批发、零售一视同仁，价钱全用红色漆笔写在茶桶上。客人购买时，店员便用茶铲从铁桶中把茶叶捞起，现场称重、算价、包装。许多人走过一趟"林华泰"，才知道在这里花六十多买到的香片、红茶或者铁观音，竟然比外头三倍价格的茶叶质量更好。所以顾客花钱购买的，纯粹是茶叶本身，并不包含强迫性的华丽包装，或是品牌茶品内隐含的营销支出。

坚守一世纪的老招牌，亦吸引了很多爱茶人士慕名而来，很多日本或韩国的游客，或在网站上看过详细的网站介绍，或手执旅游书，寻道而来购买茶叶，并纷纷转向友人介绍，为它建立了坚实的口碑。往林老板平时办公的桌上一看，垫在桌面上满满的都是日文、韩文的名片，受欢迎的程度可见一斑。

"好的茶一定不便宜，但贵的茶不一定好！"林老板不断重复说。茶叶是农产品，换句话说是老天爷的恩赐，当风调雨顺能收得好茶的时候，从中获取暴利并不厚道。"不是人厉害，是老天爷厉害。"林老板操着一口闽南语这样说道。

在聊天的时候，一定要来上一壶好茶。看林老板青春常驻的模样，让我也想日后干脆以茶代水呢！

林华泰茶行如今踏出台湾，在东京港区芝大门和涩谷开设了分店。是涩谷的茶艺馆，四层楼的店面约设有八十个座位，自开张后，店内便经常座无虚席。靠着耕耘百年的优质商誉，"林华泰"似乎已重拾早年辉煌。

近年来，人人注重健康饮食，天然甘醇的中国茶好处多多，相信林华泰茶行应能再走一百年，重创大稻埕的茶香风华传奇。

阿鸿笔记

流传百年的诚信故事

关于诚信，林华泰茶行曾有过一段至今仍为人津津乐道的故事。1964年，台北遭遇洪灾，许多茶行的茶叶全数进水，林华泰茶行当然也不例外。绝大多数的茶商为减少损失，救起泡水时间较短的茶叶，日晒干燥后再行贩卖。但林茂森的父亲，也就是林华泰茶行的第三代继承者，却不顾众人反对，坚持将价值两百多万的受损茶叶整批丢掉。消息一传开，轰动一时，从此"林华泰"的招牌也成了百分百的信誉保证。

在林华泰茶行，除了茶叶之外，茶具的价格也公道诚信，清楚标示，只赚良心钱。在台北"故宫博物院"哄抬到四千多的茶壶，在这里只要八百就能买到，而且绝非赝品。"生意诚信能走百年"，此言果然不假。

仁爱路二段

金山南路一段

临沂街

杭州南路一段111巷

马叔芝麻酱烧饼

马叔芝麻酱烧饼
——北平家乡绝活化身台北排队老店

台北市金山南路一段119号
02-2396-2788
早上7点半至下午4点
每周五公休

真正的美食可能隐身在不起眼的城市巷弄里，如果没有那条长长的人龙，你很容易与"马叔"的美味烧饼擦身而过。当然，若碰巧是出炉时间，空气中那阵阵浓郁诱人的牛肉香和让人无法抗拒的烤面香，也必定会令你不由自主地停下脚步。

招牌菜

牛肉夹饼

"马叔饼铺"的芝麻酱烧饼和烧饼夹牛肉最为出名。这儿的烧饼并不是长条形的,而是像汉堡一样的扁圆形。外表看起来扎实浑厚,打开一看,发现内有乾坤,层层迭迭像花瓣般的牛肉片,吃起来口感柔韧、香酥、松软。面饼的表面铺满大量的白芝麻,张开大口咬下去,香脆的芝麻在口中迸发出香味,一不小心有些则从两边嘴角溜走,一粒一粒掉在地上,相当过瘾。

把友情和家乡的滋味延续

"马叔饼铺"的前身是冯文奎先生早期开设在"中华商场"的"冯记点心铺"。当年"冯记"专卖北平点心，冯先生的同乡好友马荣利先生经常在店里帮忙。但后来时移事迁，"中华商场"拆卸，店家四散，冯先生过世，生意后继无人。马荣利先生，也就是马叔，对友人及这家点心铺怀着深厚感情，也不希望北平家乡绝活从此在台北街头消失，便毅然接手，在金山南路东门市场旁边一角把店延续下来，专卖烤面饼类北方小吃，其中以芝麻酱烧饼和烧饼夹牛肉最为有名。

这儿的烧饼不似我们平时吃的烧饼夹油条或鸡蛋，而是夹牛肉。其实烧饼油条是上海人的吃法，烧饼夹蛋是台式风味，"马叔"以烧饼夹牛肉。

夹烧饼的牛肉，用的是带一点筋的卤牛腱，厚薄适中、口感软嫩，卤得相当入味，但不会太咸，吃得出是有历史的老卤汁。牛肉被随性地堆起来，拥挤得延伸到烧饼外头，骤眼看去也数不清到底夹了多少片。

一个四十元台币的烧饼夹牛肉，已经超越了一般老店坚持的"实在"，是真正物超所值的传统老味道，由此可见北方人的侠义豪情，也可以看出马叔饼铺存在的理由。

如今，马叔已经过世，现由儿子马光耀继承父业。多年来，凭着口碑相传，马叔饼铺不但人气不坠，反而越来越兴旺，假日时一天可以卖上数千个烧饼，近期就有多家电视台跟杂志陆续报道了这家一度连店名招牌都没有的朴拙老店。如果你在假日前来的话，可要有排队的心理准备哦！

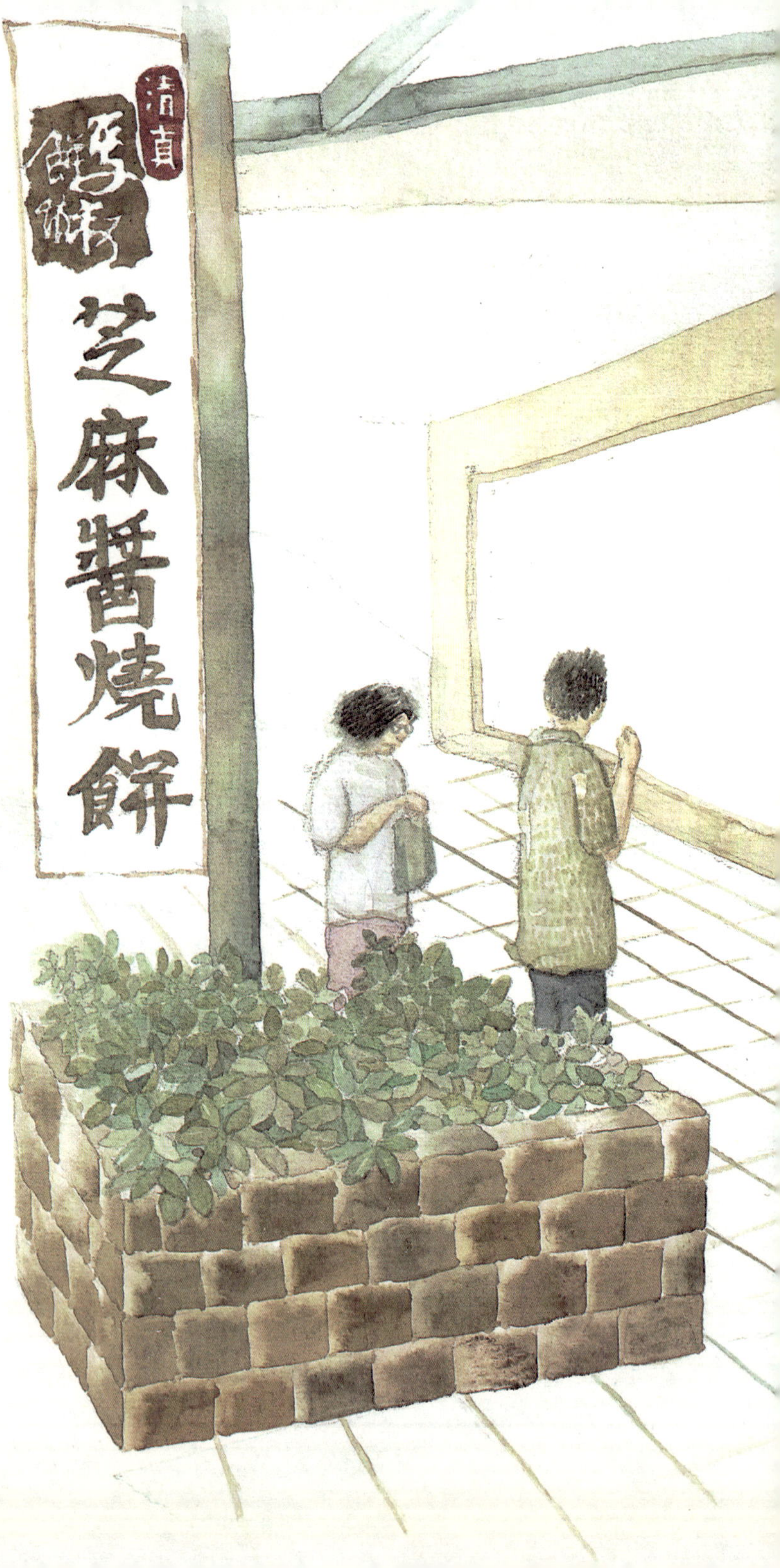
清真
芝麻醬燒餅

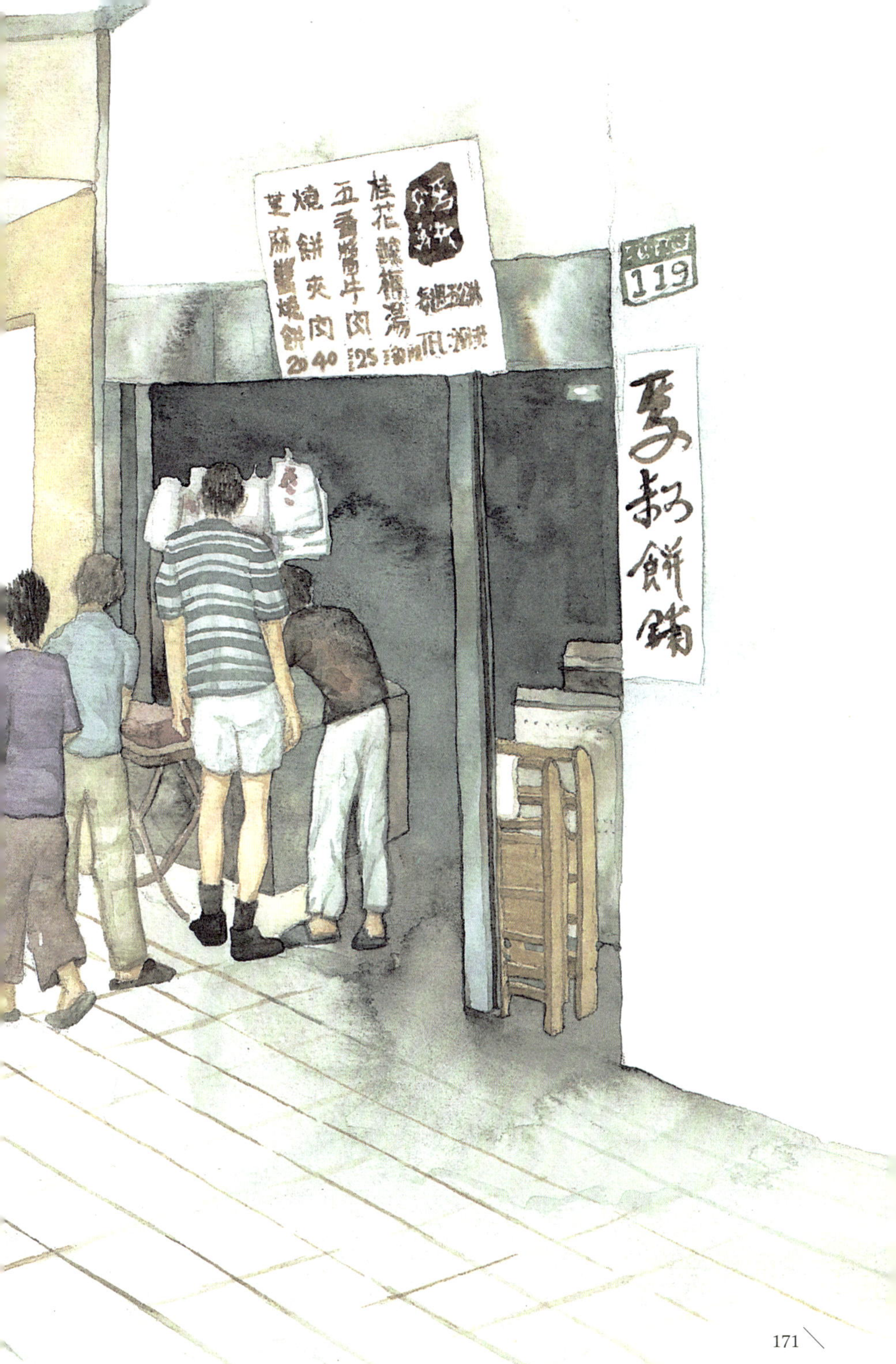
桂花酸梅湯
五香醬牛肉
燒餅夾肉
芝麻醬燒餅
20
40
119

芝麻、面饼、牛肉的豪迈结合

抬头看门口上方,只见招牌崭新,似是近年新挂的菜牌。没错,"马叔"原本有芝麻酱烧饼、烧饼夹肉、螺丝转、五香酱牛肉、糖火烧、桂花酸梅汤等等地道北平点心,不过后来因为生意过于忙碌,已将糖火烧跟螺丝转撤掉。

阿鸿笔记

芝麻酱与烧饼的圆舞曲

制作这种烧饼时，要以芝麻酱和面揉面团，所以颜色并不是一般常见的金黄色，而是褐色的。芝麻酱与面香的揉合散发出温和的滋味，有如天作之合般匹配。

芝麻十分有营养价值，含有丰富的纤维、维生素B群与镁等，性平味甘，能补血、润肠、通乳、健脑、养发。

潮州街

金山南路二段

罗斯福路二段

山东杠子头

何创时
书法艺术馆

捷运古亭站

和平西路一段　和平东路一段

山东杠子头
——吃硬不吃软的铁汉味道

台北市金山南路二段188号

02-2394-6617或电0913-258-828

早上8点至晚上8点

无公休日

早期台湾最常见到杠子头踪影的地方是眷村，在已经拆卸的"中华商场"也吃得到。

杠子头外皮黄脆，内层白软，刚出炉时散发出一种令人怀念的炭烤香气。完全手工无调味，刚吃进嘴里时仿佛没什么味道，嚼着嚼着，却发现越嚼越香。

招牌菜

吉家杠子头

这家店由吉家两兄弟轮流当家,一人负责一个星期,而且各自做的杠子头还印上了不同的印记——哥哥用的是八卦图案,弟弟则是用梅花。这一个更是由弟弟做的杠子头。当你细嚼慢咽时,会发现不同老板做出来的杠子头各有不同风味呢!老板爽朗地说:"我卖杠子头很多年了,有很多死忠的粉丝!"他也不忘补充,"我们的杠子头是用老面发的,吃了不会生胃酸,胃不好的人吃多也不怕。"

眷村传统美食，顽固守候二十年

近年来，杠子头这种朴素的传统美食已然一点一点被人遗忘，许多店铺就像掉进流沙般无声消失。

不过，金山南路二段上这一"吉"姓家族却像杠子头般顽固，长达二十多年只单卖杠子头。这家老店一直以来没有竖立任何招牌，也没有广告，唯一的线索是墙上"火烧杠子头一个二十"的字样。没听过杠子头的人，一定会怀疑这葫芦里到底卖的什么药。然而好酒不怕巷子深，老店的生意很不错，一天可卖出五百个。靠着口耳相传，许多人特地寻路而来，老顾客更是一次就买几十个带走。

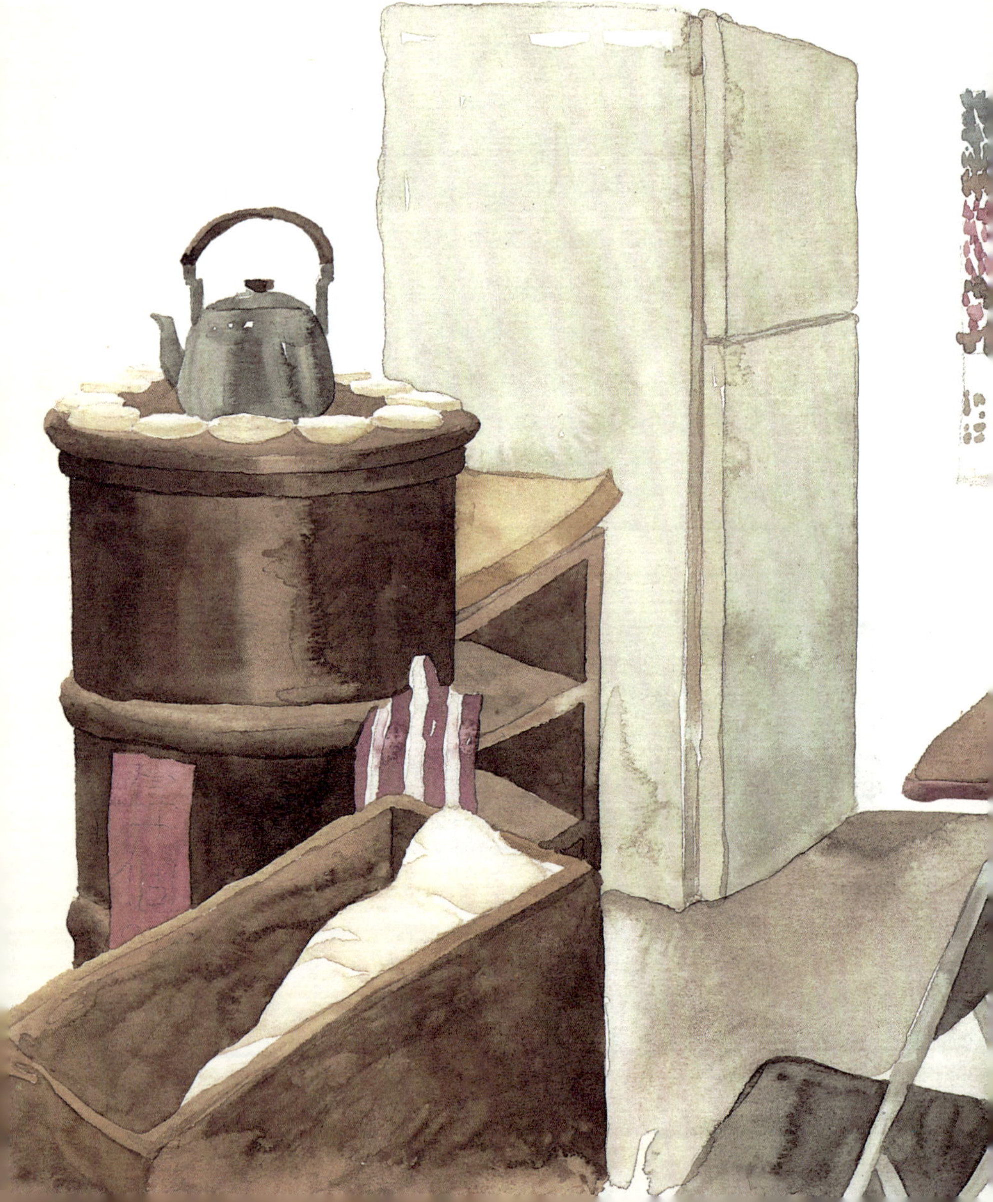

老板就在这约莫一坪大小的斗室中,揉制、烧烤出一个又一个香味诱人的杠子头。炭烤的香气让人食指大动,忍不住想买来解馋。

纯手工无调味,越嚼越香

兄弟二人在人人使用电烤箱的年代,仍每天守候着由旧式汽油桶改装、斑驳陆离的铁锅炉,以炭火将面团一个一个烤起来。杠子头外皮黄脆,内层白软,刚出炉时热气腾腾,散发出一种令人怀念的炭烤香,拿在手上又硬实又温暖,一种安全温馨感油然而生。

用力掰开酥脆微焦的外皮,饼子"啵"一声裂开,内里柔软的白面喷出一股热气,你一定会顾不得烫嘴就放进口中……奇怪?一开始仿佛没什么味道,但嚼着嚼着,却发现越咬越香,一种天然清净的甘甜在嘴中游走,小块小块地剥着吃,不经意就吃完了。嘴巴和下颚比嚼口香糖得到更好的运动,还有一种欲罢不能的感觉。事实上越啃越有味道正是杠子头的独特魅力。杠子头块头大料实在,每个约二百五十克,一次吃一个就已经有饱足感了。

揉面靠的不是蛮力,而是靠长时间的经验累积。恰到好处的力道,让杠子头扎实富嚼劲。

不管何时经过店门口,都一定会看到这幅景象:锅炉的上层置着一个水壶,周围则围上一圈半熟的杠子头。这种由旧式汽油桶改装的锅炉也已经很难见到了。

光是白面就能烤出诱人的香味，是面食达人才懂的简单美味。完全手工无调味，绝对纯粹的面粉香，靠的是发面时间长短的控制、揉面团的劲道，还有炭火温度与时间的掌控。

老板从发烫的铁制锅炉中，取出烤好的杠子头，顺势一甩，"咚"的一声丢到木箱中。

杠子头冷了之后会变得跟石头一样硬，简直可以当武器，再好的牙齿咬下去，它也无动于衷。这时候要在表面喷点水再加热，用烤箱烤个几分钟就可以了。另外，你也可以拿来泡肉汤、浓汤，早餐宵夜时泡豆浆、牛奶等也别具风味。杠子头的内层面团会吸汤，但因为外壳够硬不吸水，就算久泡也不会整块"软趴趴"，是馒头面包类以外最佳的另类面食选择。

阿鸿笔记

杠子头，来自山东的硬汉子

清朝末年，在山东潍县一带的乡村，有村民用多次使用剩下的老面来制饼，由于加入面团的水分少，手力根本揉不动，只好用木杠圈压，再以慢火烤成。其形状圆扁、个头大、圆心处微隆、边厚里薄，边缘上还划有一圈薄薄的卷折花纹。当地人给它取一个"雅号"叫"杠子头"，又称为"火烧"。后来，这种面食的制作方法流传到附近渔村，由于质地坚硬、水分少，既耐嚼又可久贮，是渔民出海打鱼携带的理想食品，很快便盛行开来。之后，杠子头被老百姓们拿来当干粮，也是出门远行旅人必备之物。因为坚硬的特性，后来"杠子头"更有了一个引申义，形容好争辩、好抬杠之人。

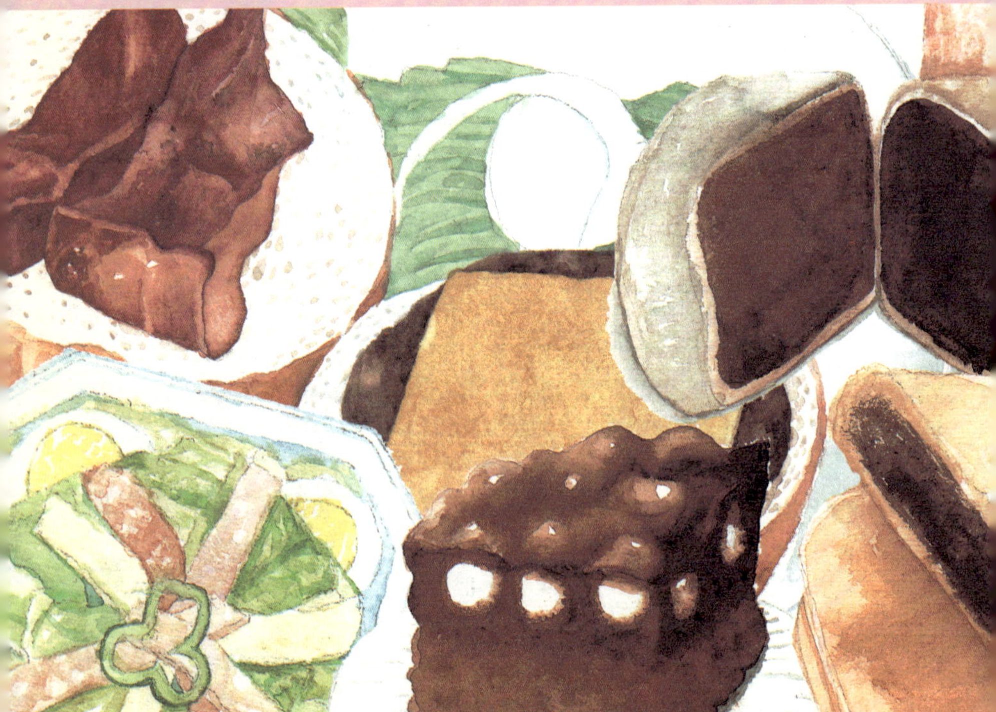

3
Chapter

东西洋之造

另有分店：明月堂茶屋（地址：台北市忠诚路二段168号；
电话：02-2876-8567；
营业时间：上午10点半至晚上10点）
明月堂百货专柜（新光三越信义店A11馆B2、太平洋崇光百货复兴店）

明月堂
——和果子精致老铺

台北市金山南路二段143号
02-2321-0135
上午9点半至晚上9点半
无公休日

"明月堂"这间和果子老铺，现由第二代继承手艺，共累积了七十多年的经验和信誉，在台北早已享有盛名。老铺过年过节生意兴隆，中秋节更是门庭若市，和果子可谓与月饼分庭抗礼，不单令台湾人趋之若鹜，连日本人也要渡海而来一尝美味。

招牌菜

正统日式和果子

想追寻细致典雅的日式甜蜜风味，不用迢迢远路跑到日本，在台北市金山南路的明月堂总店和天母忠诚路上的明月堂茶屋就尝得到正统的日式和果子。

重现东瀛美味传说

　　八十几年前，当时十四岁的周金涂在有名的"一六轩"和果子店当学徒，学会了传统和果子独家的用料和制作方法。因为手艺精湛，因缘际会被不会做和果子的明月堂日本老板请到店里当师傅，当时的明月堂除了供应和果子之外也卖面包和小点心。二战后，日本老板离开台湾，就将明月堂这块招牌留给了周金涂，从此一代传一代，在台湾再现了地道的日本精致和果子。

　　多年来，明月堂的师傅们坚持表现和果子"五感的艺术"，力求做出最地道的美味，认为质量绝对比业绩重要，传统的做法、鲜度和精致度才是明月堂最重视的元素。

　　经验老到的师傅甚至能把出身、性格、历练等等全都表现在作品里，所以每一种糕点里都深埋着精湛的手艺和丰沛的感情。

朴实的金山南路店外，透着玻璃橱柜能看见一排排可口的和果子躺在其间，熟悉的老客人一进门就利落地念着："草莓大福、羽二重、最中！"接着只见阿姨们熟练地夹起和果子，将其装入盒中、纸袋，日式送礼的情调尽现。

和式傳統美食の鄉

明月堂

比翼の

百吃百爱的特色美食

简单朴实的和果子,让人魂萦梦牵的关键何在?答案就在红豆馅。

明月堂的老板娘解释,好的红豆馅吃起来会有扎实、弹牙的口感,但需要下的功夫更多。明月堂的师傅有自己的坚持,不愿做一般常见的软馅。要做出扎实的红豆馅,煮红豆沙时最后的步骤,同时也是最重要的功夫,就是水要收得比较干,水收干一点才能达到天然保存效果。

红豆馅是和果子的灵魂,想做出既绵密香滑又拥有恰到好处颗粒感的红豆沙馅,需要非常繁复的做工,从生豆泡水的时间、水的温度、煮的时间和火候、收水,到最后的加糖、蜜炼,师傅必须小心翼翼地严控每一个细节,才能调配出完美的比例和口感,让甜度和豆沙馅水乳交融。再加上柔软香Q的糯米外皮,就能明显吃出不同的层次和浓淡。

在日本人眼中,拥有悠久历史的和果子不单单是一种甜点,更是一种艺术,一种文化。完美的和果子需达到满足"五感"的境界,"五感"指的是视觉、味觉、嗅觉、触觉及听觉,不仅要求色、形、香、味俱全,连嘴唇上、手指上的触感都非常讲究。和果子的名字也取得雅致动听,灵感多撷取于风鸟花月、和歌俳句、文学历史等,充满诗情画意与想象之美。如果能够随季节变化而以适时的和果子为赠礼,更可表现出一个人的教育背景。和果子的制作材料均来自天然植物,红豆、谷物、芝麻、糖等是最常用的原料,这些食材不但不含油脂,而且含有高植物蛋白,吃了有益身体健康。

多年来,明月堂总是维持传统一贯的口碑与口味,以红豆馅、白豆馅为主,另外也有抹茶馅。比起铺满起司、巧克力、鲜奶油等材料花哨又奢靡的西式点心,或许会有人觉得传统和果子太过普通单调,但是在这浮华虚空的年代,简单朴实的原味才是最难得的享受。

周金涂老先生生前最常挂在嘴边的一句话为:"做饼师傅要感谢吃饼师傅。"明月堂有着"吃饼师傅"的盛情,因此能不断惕厉精进,百年永续。

红豆馅收得扎实,各方面的成本都比较高,是件吃力不讨好的事,但师傅就是有这份坚持。许多吃了一辈子的老客人吃惯了明月堂的馅,再吃别家会不习惯。

日本制的和果子中,有些添加了防腐剂和香料,明月堂的师傅们却坚持不放这两种不属于天然的东西,要让和果子拥有真正纯净的灵魂。

大福

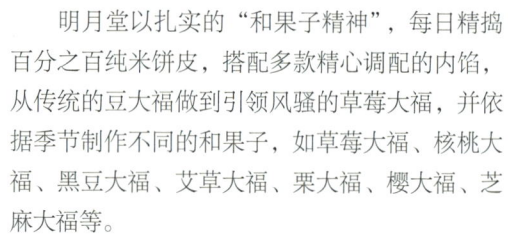

明月堂以扎实的"和果子精神",每日精捣百分之百纯米饼皮,搭配多款精心调配的内馅,从传统的豆大福做到引领风骚的草莓大福,并依据季节制作不同的和果子,如草莓大福、核桃大福、黑豆大福、艾草大福、栗大福、樱大福、芝麻大福等。

明月堂是全台第一家制作草莓大福的店家,老店不仅延续百年传统,更不断在口味上推陈出新,以满足消费者挑剔的味蕾。

最中

懂得吃和果子的人,"最中"是必选口味。这里的师傅对自己的手艺相当自豪,自言做得比日本的师傅还优。"最中"的外形似一个圆形小盒子,外皮由糯米经烘烤制成脆皮,打开外皮,内面包的是绵密细甜的红豆馅。

草莓大福

这是一款季节限定的产品,只有在盛产甜美草莓的冬季才得以品尝。酸甜的草莓、绵密的红豆泥,做成透着米香的大福饼,让人每一年都期待草莓季的到来。

羽二重

这种糕点外皮柔软光滑,细致如丝,珍贵如高级的"羽二重丝绸",因而得名。如雾如幻的半透明糯米外皮,包覆着丰厚的红豆馅,是一场视觉与味觉的飨宴。除红豆口味外,还有柚子或抹茶等口味可供选择。

阿鸿笔记

小小和果子，取名大学问

"大福"（だいふく）是大福饼（だいふくもち）的略称。自古以来，日本人在年节喜庆时，会将蒸熟的糯米以杵捶捣成"饼"，作为供神之用。捣好的饼咸甜皆宜，因此是年菜"杂煮"中的要角。"饼"，日文发音"ㄇㄡㄑㄧˊ"，闽南语的"ㄇㄨㄚˊ ㄐㄧˊ"和中文的"麻糬"都由此而来。

传说某家店将包了馅的"饼"称为"大福饼"，意指"大大的福气"，于是大家群起效仿，"大福"一词也因此广为流传。江户时代社会繁荣富庶，各式果子纷纷出笼，人们将这种在捣好的饼皮中包入豆馅的果子称为"大福"，这一叫法或许与果子形状福态讨喜、吃了有饱足感有关。在某些地区，"大福"更是新年期间必食的果子，有应景招福之意。

另一种和果子——"最中"（もなか）的命名也有一段有趣的插曲。相传，人们时兴在中秋夜宴时吟唱源顺的诗歌："水面明月影，中秋月正圆。"在某次宴会中，当人们正开心吟唱这首诗歌时，主人端出如明月般白色的圆饼。有人问道："这是什么饼？"某人顺口回答："最中的月。"这种白色圆饼因而被称为"最中"。"最中"从明治以后开始盛行，继而衍生出各式各样的颜色、形状以及口味。

中山北路七段

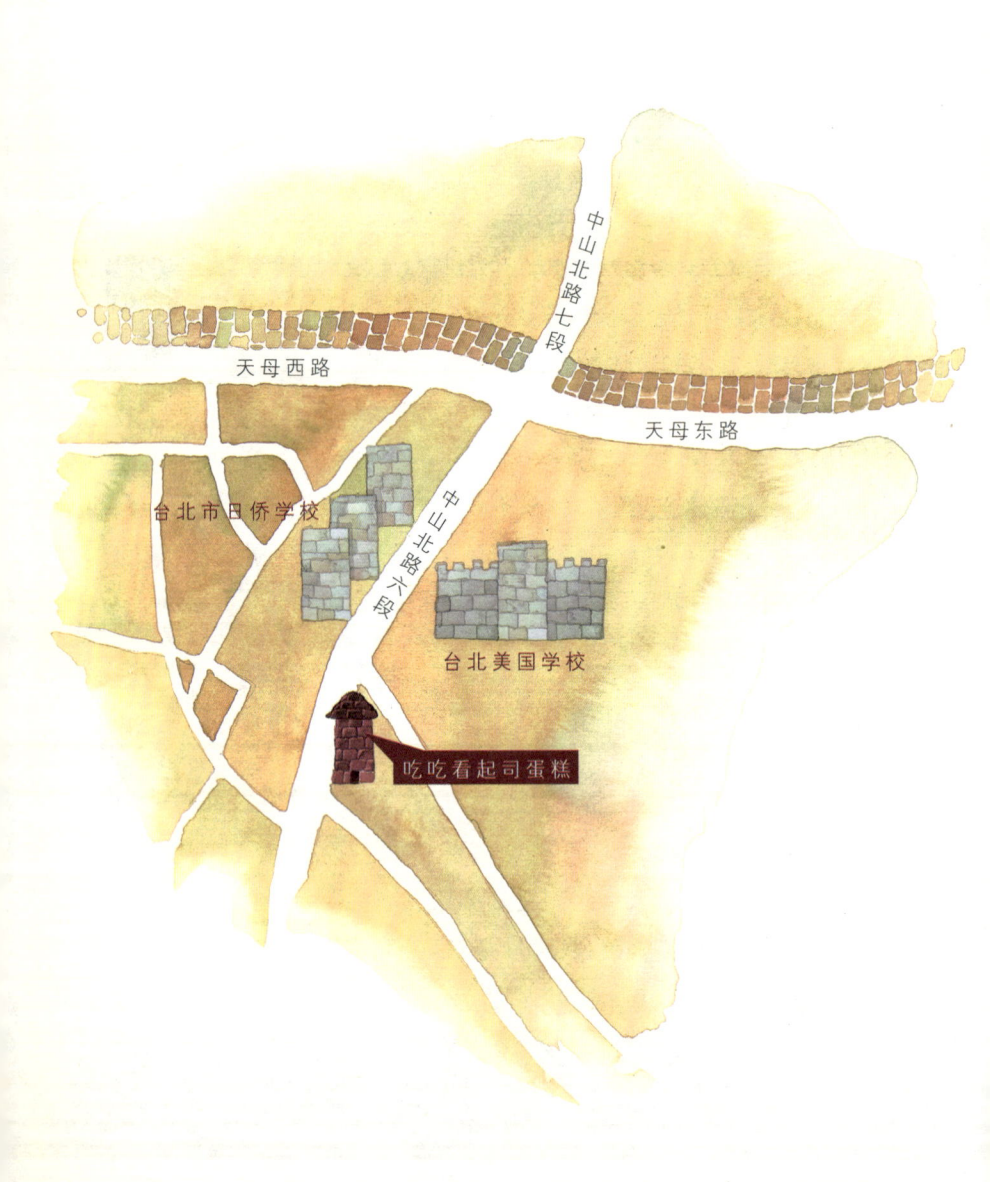

天母西路

天母东路

台北市日侨学校

中山北路六段

台北美国学校

吃吃看起司蛋糕

"吃吃看"起司蛋糕
——中山北路上不老的传说

台北市士林区中山北路六段770号
02-2871-4678
早上9点至晚上9点
周日为早上10点至晚上9点
无公休日（农历过年休至开工日）

在天母麦当劳与美国学校出现之前，"吃吃看"就已经出现了。老板娘叶凤珠说，这家店结合了"老式台味"和"英国小店"的风味，从她接手以来，便专心地做蛋糕、烤点心，至于装潢就顺其自然，于是有了今天独一无二的面貌。

招牌菜

招牌原味起司饼

招牌原味起司饼是"吃吃看"的超人气商品,有单片卖的也有整盒卖的,客人常常一盒一盒地带走。

看起来紧实的起司饼,入口却如天鹅绒般柔软细滑,只需舌尖轻轻用力,它便能像雪花般慢慢在舌间溶化。此时浓浓的奶香在口腔中四溢,浑然天成没有添加任何花哨的味道,感觉犹如品尝一整块纯正的起司。底部厚薄适中的饼干,咸香酥脆,为蛋糕增添丰富层次之余,也衬托出起司的柔软细致。滑入喉头后,萦绕在嘴里的奶香,像山顶上化不开的薄雾,荡气回肠,每一个味蕾都因尝到了奢靡的幸福滋味而跳动,令人不禁发出轻叹:此物只应天上有,人间哪得几回尝!

台湾妈妈好手艺，风靡阿凸仔

天母区域因早期美军眷属、外国大使馆的进驻，以及后来美、日侨学校的设立，逐渐成为台湾最多外国人居住的区域。

虽然天母地区如一个小型地球村，然而对这些外国人来说，毕竟还是异乡。而"民以食为天"，"吃"这件民生大事，自然成为老外们排解乡愁、赚取生计，及本地人体验异国风情最直接的桥梁。于是天母地区自然而然发展出健全的异国饮食文化，拥有全台密度最高的异国美食餐厅，举凡美、法、德、墨、意、瑞、日、韩、南洋等各国料理，荟萃云集，任君挑选。

然而因为竞争激烈，想在这个"美食联合国"屹立不摇，光靠贩卖异国新鲜感是行不通的，这里的老外们都在寻找地道的家乡味，要收买他们的胃和舌头，非得要有强劲的实力不可。这些餐厅很多都由老外厨师掌厨，毕竟由外国人煮外国料理，能予人一种地道的感觉。

不过这间贩卖西式糕点的"吃吃看"，没有外国师傅的参与，没有充满异国情调的装潢，老板娘是百分之百的台湾人，也不曾漂洋过海到外国学艺，凭着一股热情，让她手中制作的起司蛋糕，在台北卷起一股重奶酪蛋糕风潮，"吃吃看"的起司蛋糕与布朗尼仍被誉为全台经典之作。

台北人即使没吃过，也一定听说过"天母那家很有名的cheesecake"。地道的家庭手工口味，不但本地人爱吃，连金发碧眼的美国学校学生也来排队，更是很多明星的最爱，以前在日侨学校念书的金城武就对"吃吃看"怀念不已。

"吃吃看"目前已是两家相邻的店面共享的名字。深色木制的窗格十分温馨,让人经过时都不禁多看两眼。后来,起司蛋糕店旁边增设了这家"吃吃看美食"欧式餐厅,如招牌上所写"A PLACE OF GOOD TASTE",客人能在餐厅里用餐或享用下午茶。

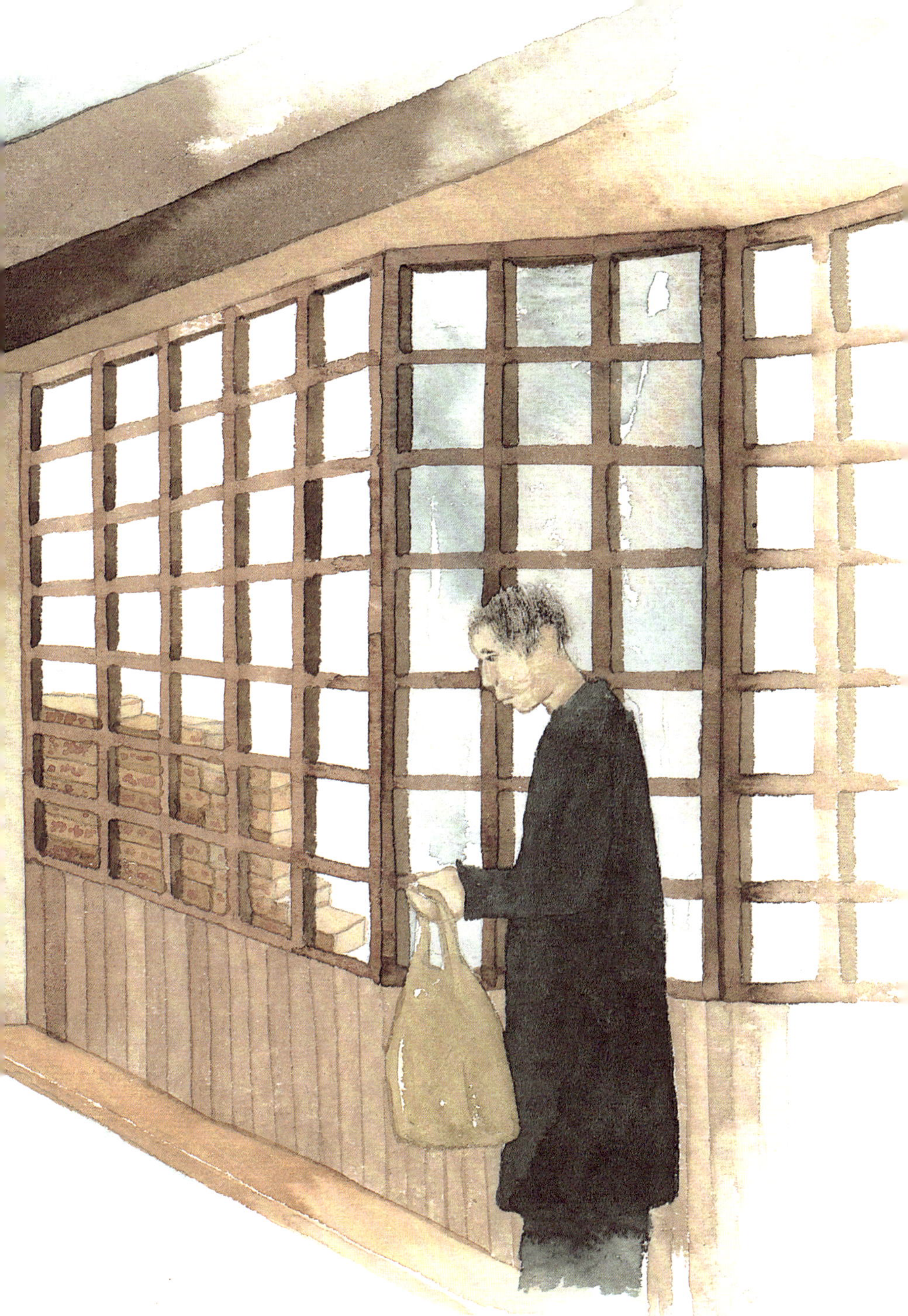

白手起家，无师自通

"吃吃看"的成功背后，是一个妈妈白手起家的奋斗故事。

话说三十多年前，一位英国太太在现址经营一家烘焙坊，店里卖些西点面包，同时还卖三明治咖啡。因缘际会下，这位英国太太想要出让店面，店就由"吃吃看"的现任老板娘叶妈妈买下。当时叶妈妈把面包的部分收起，改以三明治、咖啡为主，并且开始卖整模的起司蛋糕。

这一模模的起司蛋糕，就是"吃吃看"的起点。

个子娇小的叶妈妈，脸上总是挂着充满力量的笑容。很难想象在多少年前起司蛋糕尚未流行之时，一切从无到有，需要多少的勇气、刻苦与坚持，但这一切已结出甜蜜的果实。店里随时可见大朋友小朋友，一脸兴奋、双眼发亮地看着橱窗内的各式糕点，幸福地挑选着自己梦想中的滋味。

除了带给别人幸福之外，现在她的儿女们均拥有高学历，他们非常感念妈妈一手扭转全家人的生活，为他们的人生开辟出一条更宽广的道路。

叶妈妈做的起司蛋糕，说来可以算是无师自通。当时她的朋友从国外寄来食谱，她一边照着做，一边尝试更美味的做法。经过一次又一次的累积，她做出来的蛋糕让所有朋友啧啧称奇，但当时店里的起司蛋糕，只卖一整模的，因为客人不敢贸然尝试，往往卖不掉，于是老板娘改变做法，开始单片出售。客人吃吃看之后，惊觉美味，奔走相告。叶妈妈眼见起司蛋糕的无穷魅力，于是开立了自己的蛋糕店，店名就叫"吃吃看"。

正名为"吃吃看"之后的蛋糕店，品类逐渐增加，客人也一项一项地吃吃看，媒体更从各县市像潮水般涌来。

叶妈妈兴奋之余，心想这家店的方向似乎走对了，于是更加义无反顾，怀着热情和爱心，一心一意只想做出最美味的糕点，满足大家的味蕾。

不仅口味是家庭手工口味，店内随性的摆设和收纳也很像自己家。

坚持质量，绝不手软

"吃吃看"成立至今，已走过二十几个年头。这么多年来，叶妈妈始终坚持最初的高质量。她说她的东西是别人学不来的，因为她只用最好的材料。不管物价如何上涨，她绝对不会把任何一块奶油、任何一勺糖改用别的品牌来节省成本，就算因此获利微薄，也绝对不会妥协。对叶妈妈来说，她亲手创造的食谱，就等于这家店的灵魂，是魅力的来源，也是顾客信赖的来源。

一块好吃的重奶酪蛋糕，最重要的是奶酪的浓郁纯正，叶妈妈精挑起司品牌，每个蛋糕必定手工当日现做，且下料豪迈，真正达到了90%的起司浓郁度，是其他蛋糕店所无法相比的。

棉花糖巧克力蛋糕

除了招牌原味起司蛋糕，店里的另一个人气商品就是这棉花糖巧克力蛋糕。这是叶妈妈自己研发出来的口味，底层的巧克力蛋糕，浇上一层巧克力浆，里头飘浮着甜蜜的棉花糖，仿佛烟火爆炸般的巧克力滋味，广受嗜甜的客人和小朋友的喜爱。

阿鸿笔记

"吃吃看"的精神就在吃吃看

现在店里有各式各样的蛋糕,这些口味是怎么决定下来的呢?答案就在客人的舌头上。老板娘每做出一种新的蛋糕,或者每调整一次口味,都会视客人的反应来决定下一步的方向。客人买得多,客人吃得开心,就能保证产品的寿命。

老板娘在尝试新口味的时候,也有着不凡的气魄和胆识。以酥油面包夹馅的咸口味馅饺,如咖哩饺、马铃薯鸡肉饺等等也堂堂上架,没想到推出之后深受外国人的喜爱。每逢佳节,老板娘还会接到一大堆订单,得夜以继日地赶工呢!

中山北路七段

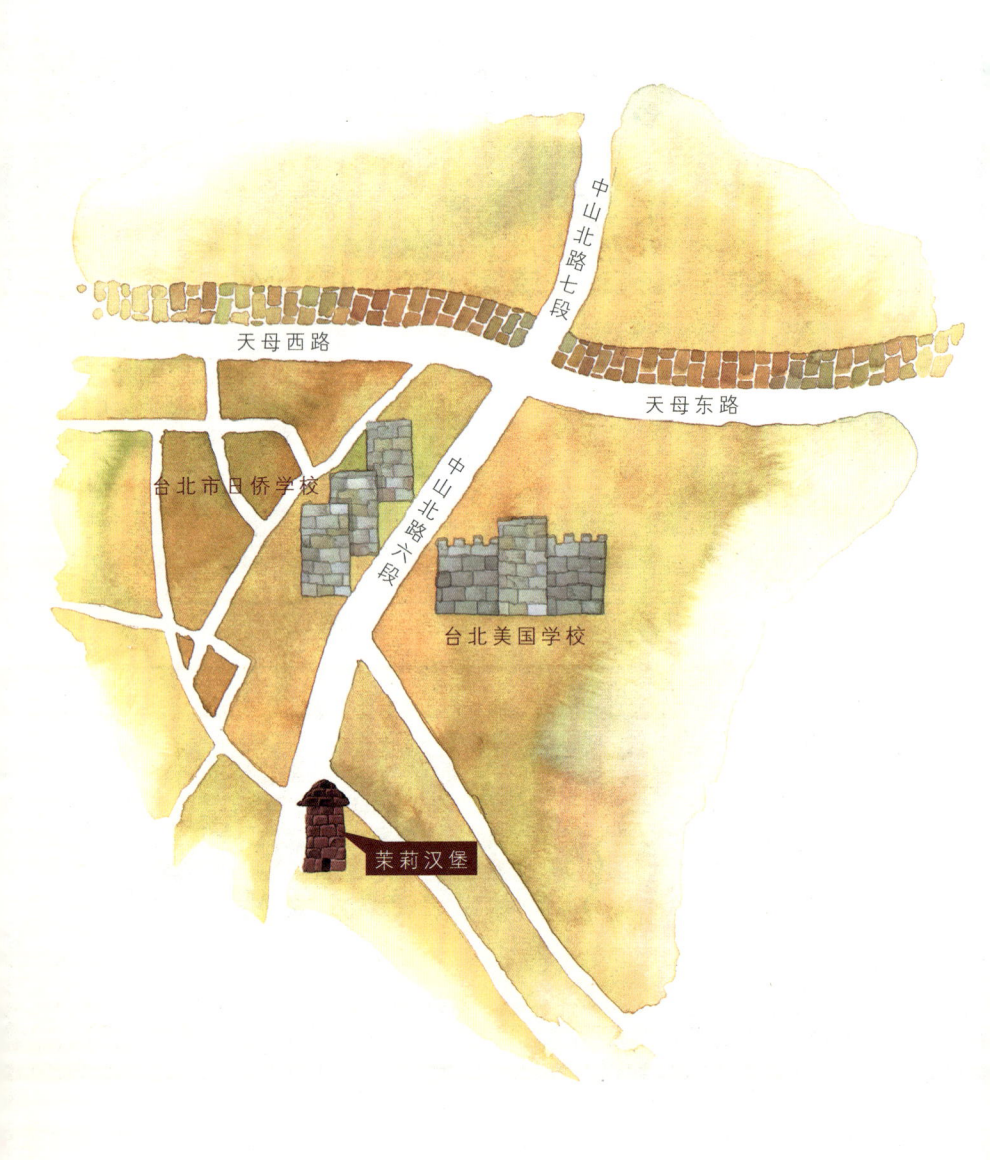

天母西路

天母东路

台北市日侨学校

中山北路六段

台北美国学校

茉莉汉堡

茉莉汉堡
——走在连锁快餐以前的老式汉堡店

台北市士林区中山北路六段752号
02-2871-4997
早上8点到晚上9点
无公休日

在连锁快餐店崛起以前,"茉莉"便是享受平价美国食物最理想的场所,是美式快餐的代名词,也是天母人的"美而美"。它的汉堡、热狗、松饼陪伴着许多天母人走过青春岁月,成为深层记忆中的特殊符号。而三十多年后的今天,"茉莉汉堡"依然历久弥坚。

招牌菜

美式汉堡

　　"茉莉"的汉堡肉都是手打肉，而且在点餐时现煎，保证每一块都热气氤氲。牛肉吃起来非常有弹性，肉汁充沛，不像"大麦克"的牛肉又薄又干。牛肉的形状也很有个性，不是连锁快餐店式的完美圆形，而是每一块都长得不一样。我还吃到过呈三角形状的，非常有趣。所以即使每次点相同的东西，也让人有一种值得期待的感觉。而夹在汉堡中的洋葱、生菜、番茄片是另外放在盘子上的，自己喜欢吃多少就放多少，比每份预先做好、没有选择余地的连锁快餐店汉堡，更符合个人化的口味，还增添了一份DIY的乐趣。

美军吃的汉堡,张艾嘉也喜爱

从美国学校走到"吃吃看",再继续往下走几步,映入眼帘的是一家有着落地窗和简朴装潢的美式汉堡店。这正是充满美国家乡风味的"茉莉汉堡"。

"茉莉汉堡"从1979年便开始营业。距今三十多年前,麦当劳等连锁快餐店还未在台湾出现,对当时的居民来说,看到像"茉莉汉堡"这样一家如同美国南方公路旁卡车休息站的小餐厅,自然觉得相当新奇。

三十多年后的今天,门面已老旧,装潢依然简朴。顾客们得自己拿托盘排队点餐,不过食物依然分量大、口味平实,并且散发着浓浓的美式风味。

说到"茉莉"的老板们,和"吃吃看"的老板娘叶妈妈不同,他们并非从零开始学习异国风味的料理,而是在开店前就已经是美式食物达人。他们原本是美国在台"海军供应处"的餐厅厨师,做的都是给美国人吃的家乡食物。直到1978年,美国宣布与"台湾当局"中止外交关系,"美军顾问团"撤离台湾,这群厨师顿成自由身。他们随即决定联手在天母合资,开办一家美式快餐餐厅,并在开店的次年,大伙儿以其中一位合伙人的名字Mary为名,开设了"茉莉汉堡"。

一开始,"茉莉汉堡"并非像现在一样融入附近居民生活,当时虽有许多美军眷属留在台湾,但是对于当地纯朴的在地人来说,牛肉、可乐这样的滋味多少还是不太习惯,所以早期主要以服务外国人为主。

后来,美式食物渐渐在台湾产生自己的文化,吃汉堡变成男女老幼都能享受的事,因此"茉莉汉堡"开始受到不同年龄人群的喜爱。

以前这里是美国大兵的聚集地，现在则是挤满了美国学校的学生，每到下课时间，店里一片闹哄哄，充斥着中英夹杂的高分贝交谈声。工作日的上午，附近的居民会到此享用一顿活力早餐，至于假日则是什么人都有，主妇、情侣……幸运的话还可以看到明星呢，像张艾嘉就是"茉莉"的忠实粉丝之一。

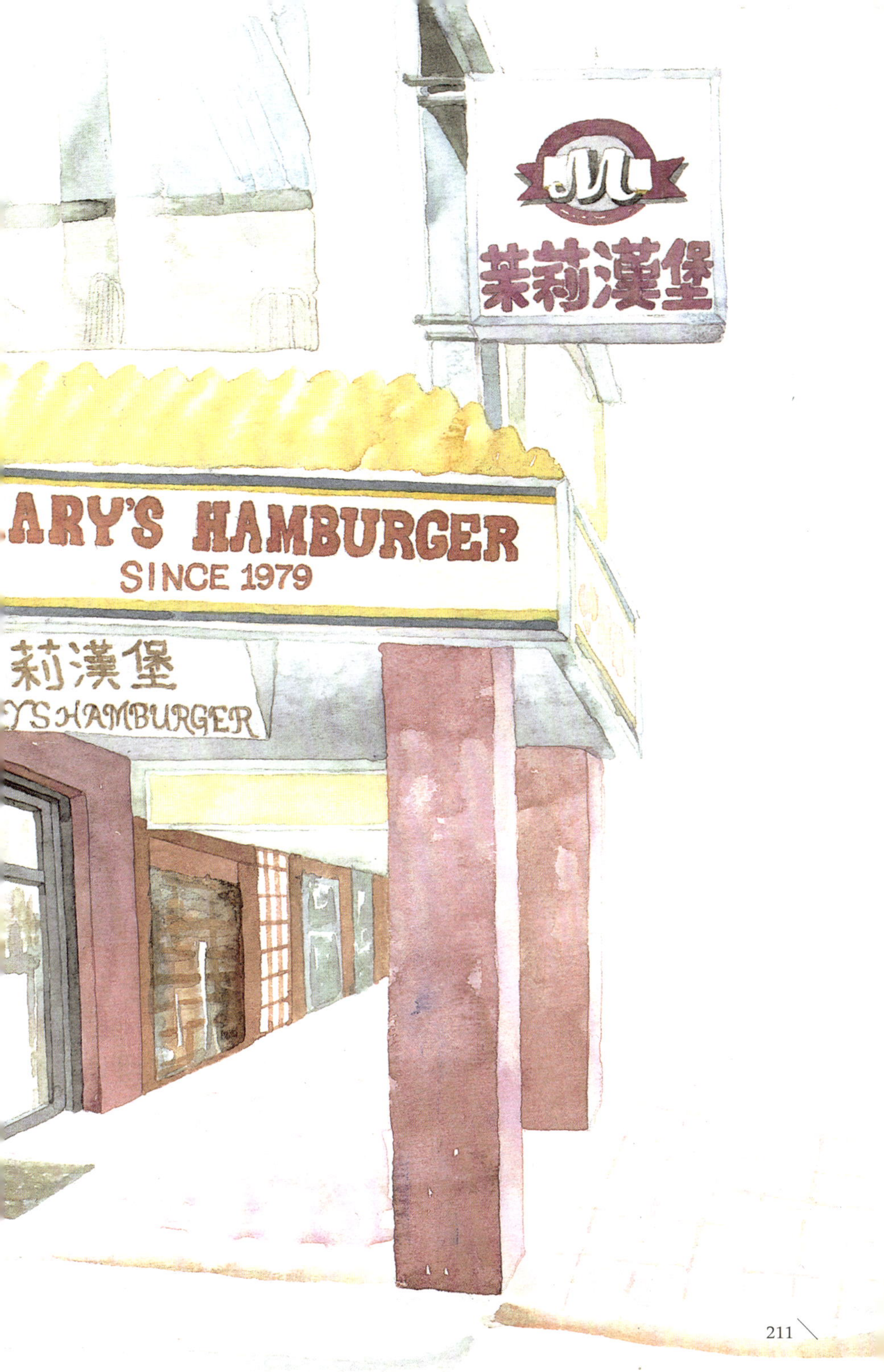
茱莉漢堡
ARY'S HAMBURGER
SINCE 1979
莉漢堡
YS HAMBURGER

无可比拟的个性好滋味

"茉莉汉堡"的食物，和现在时下的新式美式餐厅里供应的相当不同。在卖相方面可以说是相当平实，走的绝对不是精致路线，没有在汉堡上插上可爱的小旗子，或者把可乐的吸管弯起来打个结之类的。这边的所有餐点，都像是妈妈在家里弄的菜，非常大气随性。

所以如果是非常讲究食物外观、喜欢精美华丽的人，大概对"茉莉"的餐点不会有好感，但对于讲究食物本身的人，这里的真材实料和地道的看家烹调功夫，绝对能让人吃到外观上看不到的真实好滋味。

我最喜欢这边的汉堡肉，因为是全程手工制作。这里的厨师们亲手一片一片压制，也正因如此，每一块的形状都不一样，同时保留着牛肉的弹性与肉汁的鲜甜，滋味和连锁快餐店的工厂牛肉片全然不同。

另外，薯条也值得一提，它们不像连锁快餐店那样根根细长酥脆，而是切得较为粗肥，所以每一口都尝得到马铃薯的甜味。

至于饮料，最特别的要算是奶昔。师傅们都是在点餐时，才把一大球冰淇淋与鲜奶混合，再打成新鲜香浓的奶昔，和在连锁店内从冷冰冰的机器里吐出来的味道，自然大相径庭。

虽然食物全为现做，但这里店员和师傅们都是拥有多年经验的叔叔婶婶，各个身手利落，因此做餐、送餐速度很快，即使人多也不用久等。

在我眼中，他们都是很酷的服务人员，虽然上了年纪却能说得一口流利英文，和外国客人对答如流。在他们身上，你不会看到那种训练有素的亲切笑容与殷勤的服务，每个人都专心一意料理食物。一方面是生意实在太忙了，另一方面他们本身都是大剌剌的直爽性情，不喜欢拐弯抹角，也不太懂得跟人客套。

"茉莉"的菜单上几乎都是典型的美式食物：吉士牛肉汉堡、火腿起司杏利蛋、美式煎饼、鸡肉三明治、马铃薯色拉、淋满番茄酱和牛肉酱的热狗面包等，都是早餐、午餐的一时之选。"茉莉汉堡"的美式早餐是全天供应的，对于喜欢美式早餐却不一定有机会在早上吃的人来说，不啻是一大福音。

有别于时下一些装潢繁复华丽、聘请年轻活力工读生的一些美式餐馆，在"茉莉汉堡"，你会看到中年师傅忙碌的身影、长相平实的大汉堡、发出滚烫的"嘶嘶"声响的煮食铁板、不起眼的佛麦卡塑料桌椅，拿着托盘排队点餐的各式客人……在这里的人事物，均散发出一种平淡朴实的味道，能让人卸下一切防备，吃得舒服自在，没有压力。

环顾四周，我还感受到一种确实存在的生命力，一种活生生做自己、贴近生活的真实感。身处其中，平日被"忙、茫、盲"的生活钳制得空虚荒芜的心灵，不经意间注入了一股温暖的踏实感。在现代人的生活中，周遭已经充斥着太多外表光鲜亮丽和内容制式一致的事物，口味、风格均独一无二，无法复制的朴实老汉堡，值得你走一趟来尝尝。

牛肉酱热狗堡

别处吃不到的自制牛肉酱。热腾腾的牛肉酱，豪爽地大把淋在热狗堡上，吃的时候若是不计形象地张大嘴，牛肉酱就会从嘴边滴得满桌都是。学老美粗犷地享用它，才是最美味的！

主厨色拉

排列成放射状的两种火腿肉片和起司片，底下衬着翠绿新鲜的生菜与洁白的水煮蛋，让人看了食欲大开。"茉莉汉堡"的自制千岛酱比起常见的配方用了更大量的番茄，所以色泽十分特殊，吃来相当健康。有些新客人不知情还误以为是番茄酱呢。

火腿起司杏利蛋

火腿起司杏利蛋在菜单上是属于早餐套餐（附薯条、土司）。煎得软嫩香滑的杏利蛋，刀叉划开的瞬间便冒出热腾腾的蒸汽。土司涂上奶油，和杏利蛋一起入口，幸福得就像身处于晴朗的早晨。

阿鸿笔记

让老美食指大动的正港台味

"茉莉汉堡"的某些菜色十分有趣，虽然都挂着美式的名称，但端上桌之后，不论是外观或者滋味，都有着浓厚的"台味"。

在饮料类，除了咖啡、红茶、奶昔等等选择，赫然可见"台湾啤酒"这个品项，据老板说，老外们十分钟爱呢！对老外来说，能一边吃着家乡风味的汉堡薯条，一边配着啤酒，应该有一种异国与家乡结合的乐趣。说来我们在地的台湾人，也该试试这种乐趣。

另外，除了汉堡、三明治以外的餐点，还有各式饭类：美式牛腩饭、美式猪排饭、咖喱鸡肉饭、火腿蛋炒饭与青椒牛肉烩饭等等。虽说名称上都挂着"美式"的头衔，但一端上来，就不禁让人笑开怀，因为那活脱脱是地道的台湾妈妈家庭料理，比如薄粉油炸的猪排与豌豆玉米胡萝卜的搭配，对台湾土生土长的人来说，是再亲切不过了。和台啤一样，这些咖喱饭、猪排饭也是老美的最爱！

215

图书在版编目（CIP）数据

台北老店的22段幸福食光/陈鸿著.—南京：江苏文艺出版社，2014
　ISBN 978-7-5399-7324-1

Ⅰ.①台… Ⅱ.①陈… Ⅲ.①饮食-文化-台北市 Ⅳ.①TS971

中国版本图书馆CIP数据核字（2014）第064367号

书　　名	台北老店的22段幸福食光
著　　者	陈　鸿
责任编辑	王雁雁　王宏波
出版发行	凤凰出版传媒股份有限公司
	江苏文艺出版社
出版社地址	南京市中央路165号，邮编：210009
出版社网址	http://www.jswenyi.com
经　　销	凤凰出版传媒股份有限公司
印　　刷	南京精艺印刷有限公司
开　　本	880×1230毫米　1/32
印　　张	7.25
字　　数	142千字
版　　次	2014年8月第1版　2014年8月第1次印刷
标准书号	ISBN 978-7-5399-7324-1
定　　价	36.00元

（江苏文艺版图书凡印刷、装订错误可随时向承印厂调换）

旅行台湾 就是现在

CHINA AIRLINES

搭乘中华航空，感受台湾

有人说，在101可以俯瞰精彩地景；有人说，日月潭令人忘却烦忧。
然而最值得回味的，其实是热情的台湾人。
诚挚邀您搭乘中华航空旅行台湾，让这一趟充满人情温暖的旅程，
从相逢自是有缘、以客为尊的中华航空体验开始！

中華航空 CHINA AIRLINES

華信航空 MANDARIN AIRLINES

详情请上官方网站 www.china-airlines.com，或拨打华航客服专线4008886998洽询